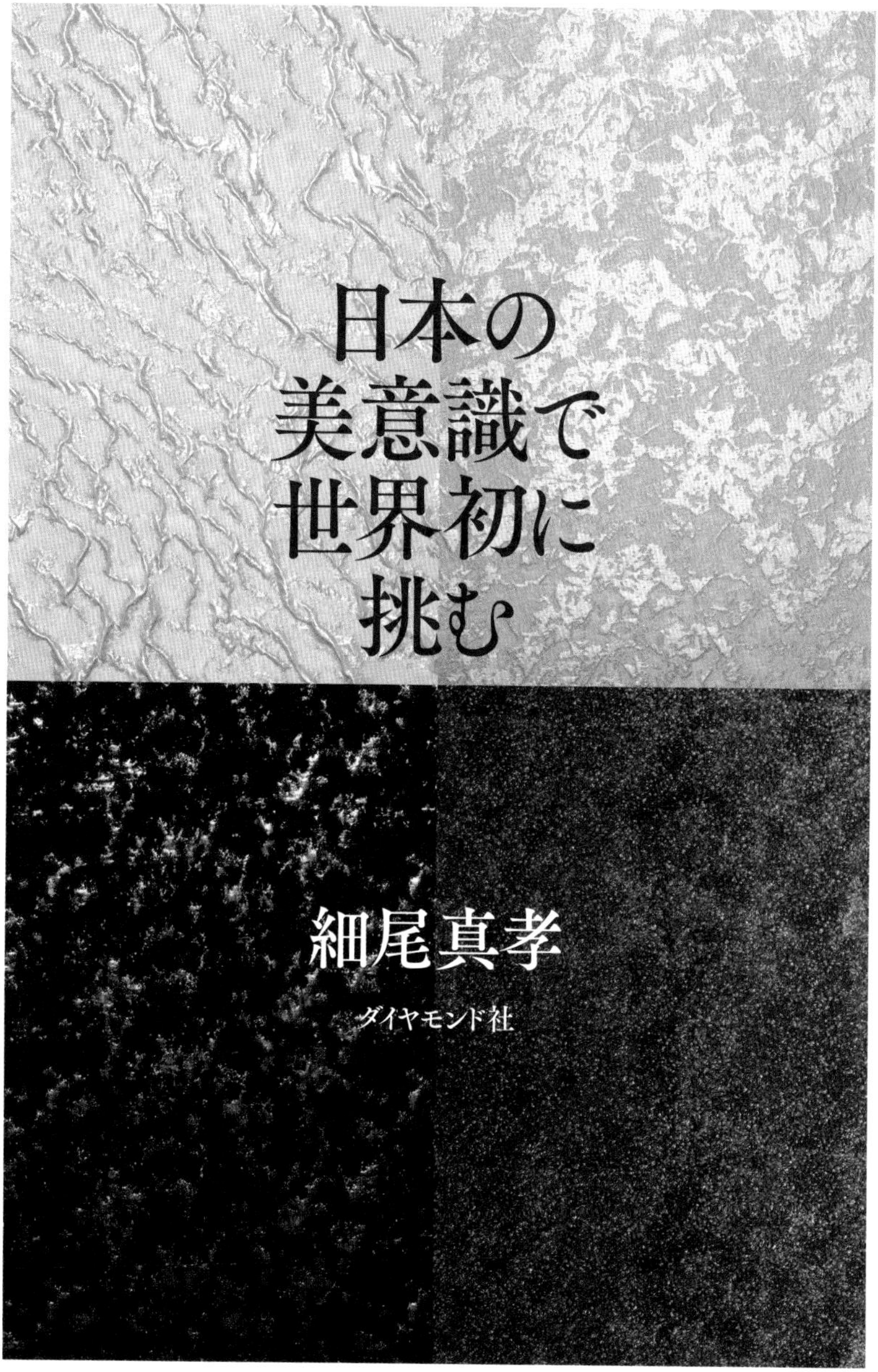

HOSOO Textile Collections
伝統的な西陣織の技術・素材を用いながら、時代や国境を越えた
タイムレスなデザインで世界中からオファーを受ける。

HOUSE of HOSOO
京都御所からもほど近い、京都市内の北西部、西陣にある細尾の工房。
ここから世界に向けた革新的なテキスタイルが生み出される。

家宝の屏風
江戸時代の創業以来、制作した様々な見本裂《みほんぎれ》が貼られている。

西陣織とは、西陣と呼ばれる約5km圏内のエリアでつくられる先染め織物のこと。
完成までに20以上もの専門的な工程を要する。

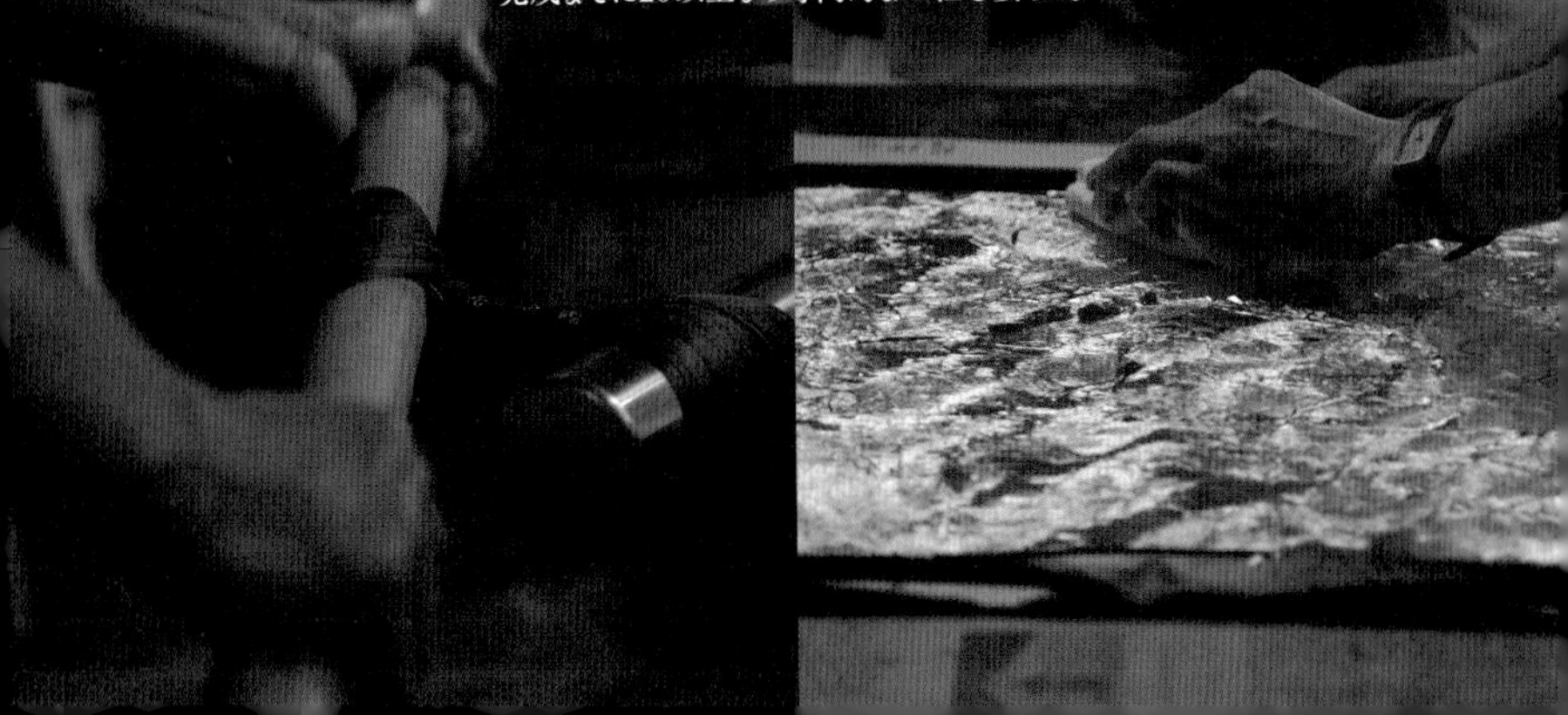

図案制作、糸染め、箔づくりなど、圧倒的な職人技を持った者たちが集まる。
スペシャリストたちの叡智と技術を結集したものづくり。

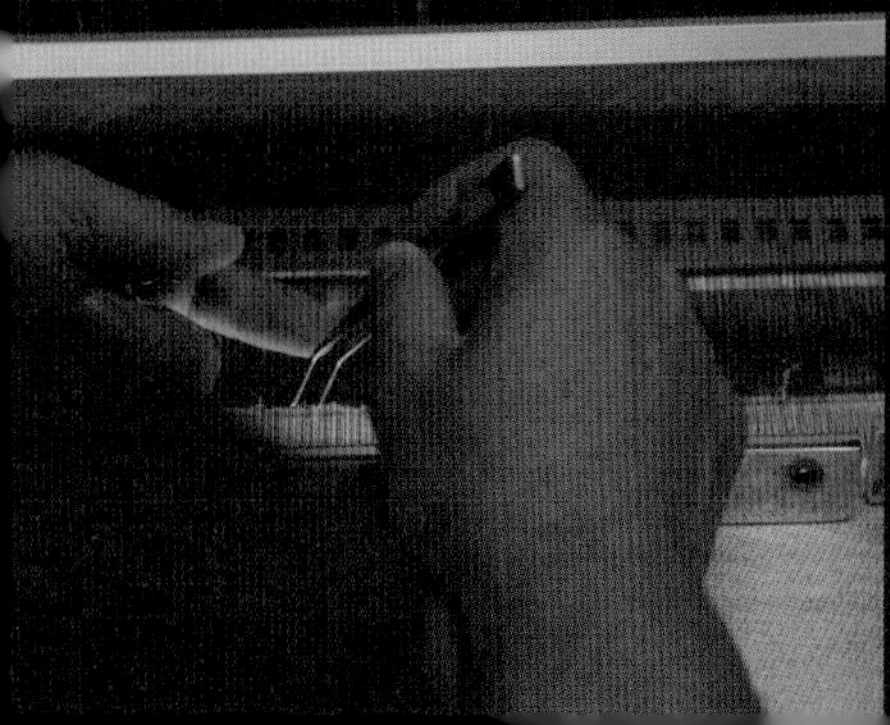

上：ザ・リッツ・カールトン東京　客室のヘッドボード、クッションを彩るHOSOOのテキスタイル。
下：フォーシーズンズホテル京都　日本の四季の花々を表現したヘッドボード。

「Nishijin Sky」
アメリカの現代美術家テレジータ・フェルナンデス氏とのコラボレーション作品。一方から見ると透けるが、もう一方から見ると透けないという2面性をもった織物。上が表、下が裏からみた図。

ロンドン・ヴィクトリア＆アルバート博物館（V&A）における展示。
クラゲの遺伝子を蚕に組み込むことによって生まれた、光るシルクを用いた作品。

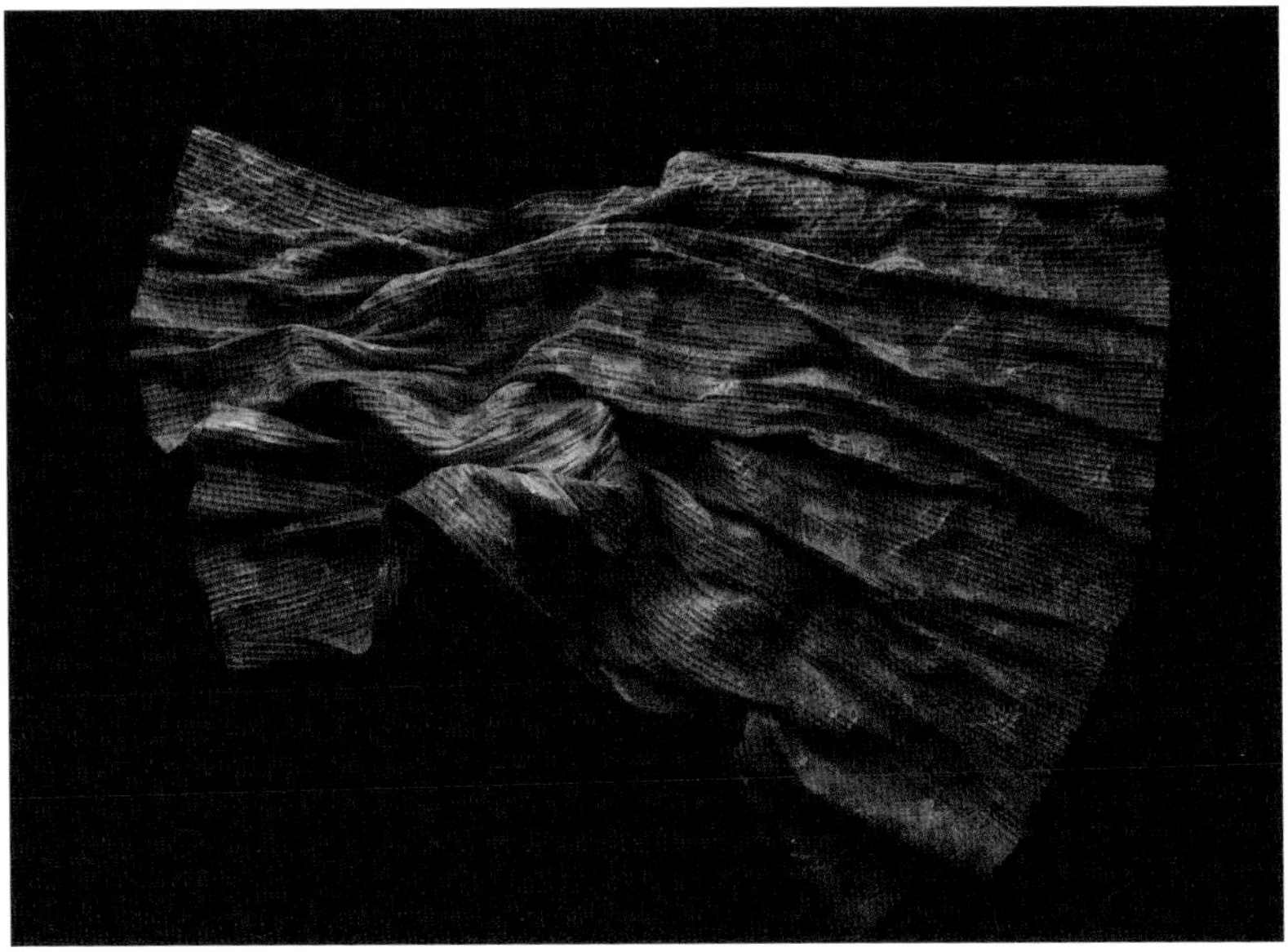

上：HOSOO GALLERYの展示「Ambient Weaving - 環境と織物」。
最先端の素材を織り込んだ、温度によって色が変化するテキスタイル。
下：UV(紫外線)によって瞬時に硬化するテキスタイル。

オランダのデザイナー、メイ・エンゲルギール氏とともに制作した、
きもの文化にはない色彩の取り合わせに特化したコレクション「COLORTAGE」。

Photos by Mitsumasa Fujitsuka

HOSOO FLAGSHIP STOREの外観。
左官や金箔貼りなど、様々な分野の職人の技術を随所に取り入れた工芸建築。

Photos by Mitsumasa Fujitsuka

世界初西陣織外壁素材「NISHIJIN Reflected」。

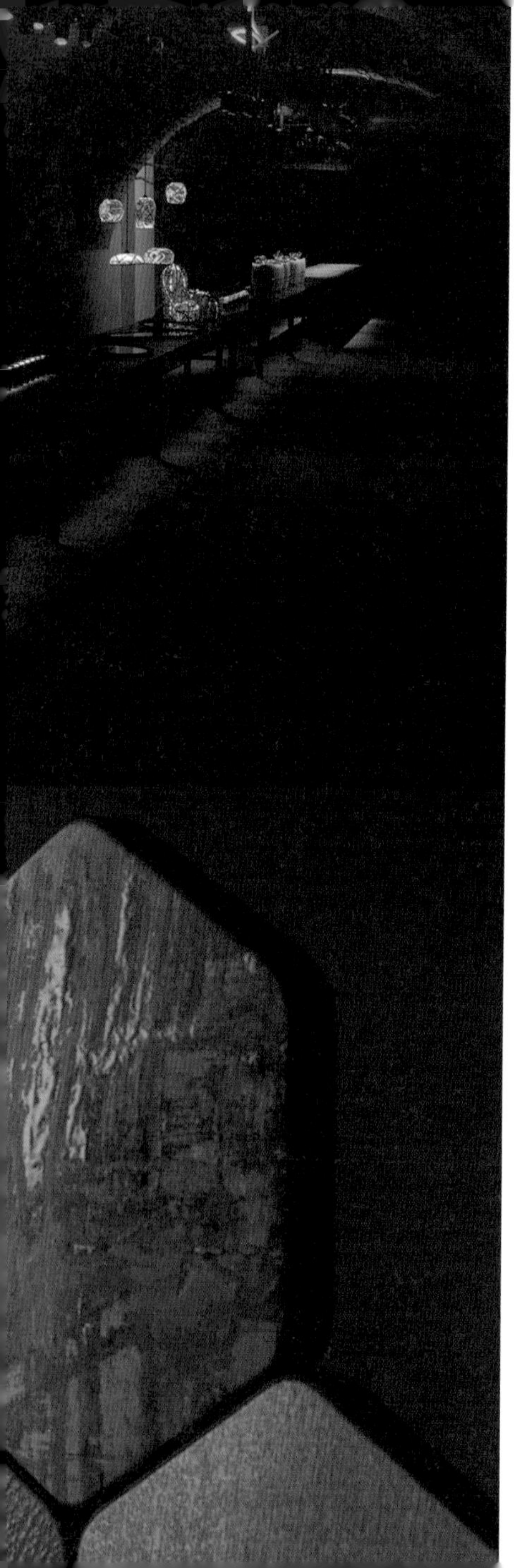

GO ON × Panasonic Design
2017年にパナソニックとの協業により発表した
ミラノサローネでの展示。
「Electronics Meets Crafts:」のコンセプトのもと、
家電と工芸の交点を探るプロジェクトで、
細尾では織物に触れると音が鳴る
スピーカーを共同で開発、発表した。

2018年、MIKIMOTO銀座4丁目本店ミキモトホールで開催した
「日本の美しい布」の展示と著者。

はじめに

衰退する西陣織マーケット、一〇分の一からの起死回生

皆さま、はじめまして。細尾真孝です。

私は、一六八八年に京都で創業した西陣織《にしじんおり》の織屋「細尾」の一二代目の経営者です。江戸時代から西陣織の織屋として事業を営んできた細尾は、私の曾祖父の代にきものの問屋業を始めました。織屋と問屋の二つが、現在の細尾のビジネスの柱です。

西陣織は、京都を代表する伝統工芸（伝統的な技術、技巧により製造されるもの）の一つであることは、皆さんもご存じかと思います。

平安時代から一二〇〇年の長きにわたり、天皇家や将軍家、貴族や神社仏閣に向け、究極の美を追求した織物をつくり続けてきました。

しかし、私が二〇〇八年に家業に入った当初、西陣織は大きな危機にありました。

この三〇年のうちに国内のきものの市場規模は、一・五兆円あったものが二八〇〇億円ほどへと激減し、西陣織においては一〇分の一の規模にまで縮小してしまったのです。

私が小学生の頃は、西陣という街自体に夜中まで機《はた》の音が響いていました。ところが中学生の頃から機の音は徐々に消えていって、町家《まちや》はどんどんマンションへと建て替えられていきました。

日本の伝統工芸として誰もが名前を知っている「西陣織」は、それを作り出してきた街ごと、瀕死の状態にあるのです。

そんな危機的状況の中、私は、織物の世界の固定観念を打破し、技術や意識を改革しながら、イノベーションを起こし続けることでなんとか乗り越えようと、日々試行錯誤しています。

近年は、新しい販路を求めて積極的に海外に進出。

そしてある出会いをきっかけに、「HOSOO」ブランドの西陣織が、世界を代表するラグジュアリーブランドであるディオールの世界一〇〇都市一〇〇店舗で内装に使われるようになりました。

さらに今ではディオールだけにとどまらず、シャネル、エルメス、カルティエなどの一流ブランドの世界中の店舗をも飾るようになりました。

また、ザ・リッツ・カールトン、フォーシーズンズといった五つ星ホテルのインテリアにも「HOSOO」の西陣織が使用されています。西陣織の素材がこれらのラグジュアリーホテルで使われるのは、世界初のことです。

この細尾の西陣織がこれら世界のラグジュアリーブランドの市場を開拓した経緯は、二〇一八年にハーバード・ビジネス・パブリッシング（ハーバード大学の完全子会社）から「Innovating Tradition at Hosoo」というケーススタディとして販売され、多くの人が知るところとなりました。

また、国内では二〇二〇年十一月から、トヨタの高級車レクサス「LS」の内装にも細尾の西陣織が使われるようになりました。車の内装に西陣織が使われるのも世界初のことです。

どれもが、この一〇年ほどで実現したことです。

これは、ディオール、シャネル、ザ・リッツ・カールトン、レクサスなど世界の一流プレーヤーたちが、自分たちの創造性や世界観を表現するときに、細尾の、そして西陣織の持つ日本の美と、その技術が求められているということなのだと思います。

新しい時代を切り開くための創造や革新のヒントが、工芸にはある

「失われた三〇年」ともいわれるこの数十年の間、日本企業からは世の中を変えるような画期的な新製品やビジネスが生まれてきていないのではないでしょうか。

さらに、二〇二〇年には新型コロナウイルスの世界的な感染拡大が起こり、私たちのビジネスを取り巻く環境は、大きな転機に立たされています。

今の時代に、私たち経営者やビジネスパーソンは、何を拠り所にして、どう行動すればいいのでしょうか？

そんな中で、新しい時代を切り開くための、創造と革新のヒントが西陣織に代表される「工芸」にあることを、本書ではお伝えしたいと思います。

いきなり工芸と言われて、戸惑われたでしょうか。

そもそも工芸とは何か。辞書には「実用性と美的価値とを兼ね備えた工作物を作ること。

またその作品（『大辞泉』小学館）」とありますが、私はもっとシンプルに考えています。

それは、「人が本来持っている『美しいものをつくりたい』という欲求や欲望に忠実にやってみること」です。本書では、美しいものを生みだすという、人の持っている欲求や欲望も含めて工芸の思考であると定義したいと思います。

そして、この「美しいものをつくりたい」という欲求や欲望こそが、西陣織が一二〇〇年も連綿と続いてきた大きな原動力であり、これは、日本人一人ひとりが持っている美意識とも言えるのではないでしょうか。

このような工芸の思考とその方法論は、これからの時代のあらゆる領域のビジネスに応用することができると思います。

人が本来持っている本能的な欲求や衝動に素直に向き合うことで、創造や革新が現実のものとなるのです。

しかし私たちは、ビジネスを続けていけばいくほど、その分野の常識や固定観念にとらわれてしまい、本来一人ひとりが持っているはずの「美しいものをつくりたい」という欲求を発揮しづらくなっています。

たとえば、「西陣織」と聞けば「きもの」や「帯」と決めつけてしまうというふうに、なかなか既存の考え方や思考パターンから抜け出すことができなくなってしまうのです。「工芸」には、新しい時代を切り開くための創造や革新のヒントがあります。

これは私が一二〇〇年間美を追求してきた西陣織を背景に、世界のトップクリエーターたちと協業してきた経験からたどり着いた、一つの結論です。

本書では、私が自らの経験の中からつかんできた、これからの時代にさらに重要となる考え方と行動のヒントをお伝えしたいと思います。日本人が本来持っている美意識や美の魅力に基づいた、創造や革新を生む発想についてです。

本書の構成は、以下のようになっています。

第1章「なぜ今、工芸に注目が集まるのか」では、大きな転換点を迎える現代において、創造と革新を発揮するためのヒントが工芸にあることを提示しています。

第2章「固定観念を打破せよ」は、イノベーションをもたらすための、固定観念の破壊と逆転の発想の重要性について指摘します。

第3章「妄想がイノベーションを生む」は、固定観念を打破し、創造性をもたらす原動力となる妄想力について説明します。

第4章「美意識は育つ」は、美意識は育成できること、そしてそのための五つの具体的な方法について解説しています。

第5章「工芸が時代をつなぐ」は、社会に工芸の思考を取り入れることで、かつてなく豊かなものへと変わっていくということをお伝えしています。


すべてのビジネスパーソンは、クリエーターです。

工芸の思考をそれぞれの形で血肉としていただき、皆さんが自分の中にある創造や革新の可能性に気づき、実践することによって、未来社会を生き抜くヒントにしていただけたら嬉しく思います。

これからの時代をつくり出していくのは、私たち一人ひとりの美意識に他ならないと、確信しています。業界や業種を超えて、あらゆるビジネスパーソンの方のお役に立つことができれば、著者としてこんなに嬉しいことはありません。

細尾真孝

目次

第2章 固定観念を打破せよ

第3章 妄想がイノベーションを生む

第4章　美意識は育つ

第5章　工芸が時代をつなぐ

第1章

なぜ今、
工芸に注目が
集まるのか

創造性の原点は〝織物〟にあり

まず、織物（テキスタイル）、そして西陣織の歴史について簡単に紹介させてください。

織物の歴史は人類の歴史と言えるほどに長く、その発祥は九〇〇〇年前の先史時代にさかのぼります。古代メソポタミアでガラスが生み出されたのが四五〇〇年前ですから、文字通り有史以来、織物はあったと言えるでしょう。

寒さをしのぐために毛皮や木の皮を身につけていた時代を経て、人が自分の手で美しいものを生み出そうとしたのが、織物の始まりです。

実用を超え「美」を求めて織物を生み出したところから、人類の創造や工芸の歴史は始まりました。工芸と呼ばれるものの原点は、織物にあるとさえ言えるかもしれません。

中世になると、イスラム世界では足踏みによる織機《しょっき》が発明され、ヨーロッパでは織物産業が栄えます。

さらに近代では産業革命を経て、動力織機が生み出されました。織物の発展の歴史は、テクノロジーの発展の歴史そのものでもあります。

今や仕事や日常生活に欠かせないコンピュータ（パソコン）も、実は織物から生まれている、ということを、皆さんはご存じでしょうか。

ヨーロッパで産業革命の波が加速していた一九世紀の初頭、フランスのジョゼフ・マリー・ジャカールという発明家が「ジャカード織機」を発明しました。

織物の模様は、前後に張った経糸《たていと》に緯糸《よこいと》を織り込むことによって表現されます。それまでは経糸と緯糸をそれぞれの人が担当し、二人がかりで織っていたのですが、ジャカード織機では、「パンチカード」（穴の開いたボール紙）を使って、経糸の上げ下げをプログラム化することに成功しました。

これにより、それまで人力で行なっていた操作が自動化されることになったのです。九〇〇〇年の織物の歴史にかつてないイノベーションが起きた瞬間でした。

その後、二〇世紀にこの「パンチカード」の発想からインスピレーションを得て、0と1の二進法で動くコンピュータが生み出されたのです。

織物と言えば、最初は人が自らの手や身体を使って織っていくのが出発点でした。

そしてさらなる美を求めていく中で、動力式の力織機が生まれ、パンチカードが生み出され、それがコンピュータへとつながり、そこから最先端のテクノロジー（科学技術）や世の中を変えるようなイノベーションが生まれてきたのです。

つまり、人の美を求める心が織物を生み出し、そうして生まれた織物とその技術が、世の中の革新を促してきたと言えます。

日本が世界に誇る自動車メーカーであるトヨタ自動車も、当初は「織機」の会社（豊田自動織機）の一部門でしたし、パナソニック（旧松下電器産業）を創業した松下幸之助氏も「伝統工芸は日本のものづくりの原点である」との言葉を残されています。

人間の創造性の原点にあるのは、自らの手でより美しいものをつくり出そうとする工芸の思考に他なりません。

工芸とは、上手い下手は関係なく、自らの手や身体を使って、美しいものをつくり出したいという、人間が本能的に持っている原始的な欲求に忠実であることなのです。

何度も危機を乗り越えてきた西陣織

続いて「西陣織」の歴史について、駆け足で説明します。

一般的に西陣織というのは、京都の西陣と呼ばれるエリアで作られる先染め織物の総称です。

その起源は六世紀にまでさかのぼります。中国で開発された「空引機《そらびきばた》」という織機が日本に持ち込まれ、紋織物を織るようになったのが始まりです。

この「空引機」というのは、高さが四メートルくらいまである非常に大がかりなものです。機械の上に一人が上がって、そこから経糸を上げ下げしながら柄を出していく。二人がかりで、一反を織るのに一年くらいの時間を要します。

西陣織の歴史は、究極の美を追求する歴史でした。手間暇をかけて圧倒的に美しい織物をつくる。だから注文主も、天皇、貴族、将軍、神社仏閣の高位聖職者など日本史のトッププレーヤーたちでした。彼らにオーダーメイドの織物を織ることが、西陣の仕事だったわけです。

ちなみに西陣織の「西陣」とは、応仁の乱のときに西軍の本陣がおかれたことに由来します。度重なる歴史上の戦乱で京都は焼け野原になり、そのたびにクライアントは貴族から武士へと変わりながらも、時代の成功者たちが求める最高級のブランドとして生き残ってきました。

クライアントがお金に糸目を付けず、西陣織の究極の美の追求を支えるというエコシステムがあったのです。そのエコシステムが一変したのが、明治維新でした。

この時、西陣織は最大の危機を迎えます。

大政奉還によって幕藩体制はなくなり、それに伴って、西陣織を支えてきた将軍はいなくなってしまいました。

天皇や貴族、富裕層も、京都から東京へと移りました。西陣織を求めてきた、主要なプレーヤーがみんないなくなってしまったのです。

このままでは西陣のものづくりを未来へと継承していくことができない。西陣織はかつてない危機に直面しました。

西陣の人々は、美の追求をなんとか未来へとつなぐため、ある行動に出ました。明治の初めに、三人の若い職人をフランスのリヨンに送り込んだのです。

西陣の職人が当時、フランス語や英語を話せたわけではありません。それでも遠い異国の地へ飛び込んで、技術を学ぼうとする決意と覚悟が、当時の西陣の人たちにはあったのです。

フランスへ渡ったうち二人は腕利きの織り手で、もう一人は織機のスペシャリスト。彼らのミッションは、当時のフランスで最先端の織物技術である「ジャカード織機」とその技術を日本に持ち帰ることです。

京都からフランスへの船による渡航は、文字通り命懸けのものでした。

海を渡った三人の職人のうち一人は、帰路、フランスから日本へ向かう船が伊豆沖で沈没して、京都へ戻ることなく命を落としました。

残りの二人が学び伝えた技術と、彼らがフランスから持ち帰ってきた最先端の織機が、西陣織を新しい時代に再生させました。職人が命を懸けて持ち帰った新技術が、西陣織の究極の美の追求を未来へとつないだのです。

このジャカード織機の導入により、西陣の織物が生む美の幅はさらに広がっていきました。時代を経て戦後の日本では、西陣のきものは花嫁が結婚式のときに仕立てる一生ものの宝となり、定着していきます。

伝統産業のイメージが強い西陣織ですが、究極の美を追求するために、最先端の技術も取り入れながら決死の覚悟で自らの技術を進化させてきた歴史があるのです。

続けるということは、ときには大胆な革新を起こす精神が必要、ということなのだと思います。

前例や慣習にとらわれていては、未来はない

現在、細尾の軸となる事業は、着物や帯のプロデュースと卸売であり、売上全体の八割を占めています。

残りの二割が海外展開を始め、新しく始めた事業ですが、将来的にはこれを五割にまで持っていきたいと考えています。

もちろん、そのためには乗り越えなければならない課題もあります。

何より私たちは三〇〇年以上の伝統を持つ、「工芸」の会社です。

西陣織は職人が丹精を込めて一枚一枚織っていく「作品」であり、それがなければ世界中の人々に感動を与えてきた伝統的な「美」はつくりあげられません。

一方で現代の産業に求められるのは、多くが「工業」の考え方で生まれてきたものです。より美しいものが求められることは確かですが、商品が量産できるラインに乗り、いつでも誰でも、それを手にできるようにしなければビジネスとして成立しづらい時代です。

しかし、そんな「工業」にも、限界が来ていることは確かです。

すでに日本も市場が成熟し、あらゆるモノが溢れた結果、心から「欲しい」と思えるような商品が生まれにくくなっています。

また大量生産、大量消費に伴う、環境への負荷など、多くの問題が明るみになってきています。

そんな世の中で、いくら工業的なアプローチを続けても、魅力的なものは生み出せなくなっているのが現実なのです。

「手で物をつくる」ことこそ人間の創造性の原点

「機械が日々私たちの仕事を奪い、人工知能が私たちの生活を一変させている世界。そんな世界で本当に重要なのは、特別で人間に固有の技能、そしてその技能には調和と美を生み出すポテンシャルがあるのだということを、認識することです」

——HOMO FABER Exhibition Guide, Fondazione Giorgio Cini, Venice, 2018, p.9 より拙訳

これは南アフリカ出身の実業家で、リシュモングループの会長であるヨハン・ルパート氏の言葉です。リシュモンはカルティエ、ヴァンクリーフ&アーペル、モンブランなどを筆頭に、ジュエリー、時計、ファッションなどの数々のラグジュアリーブランドを束ねる世界的な企業グループです。ＬＶＭＨモエ・ヘネシー・ルイ・ヴィトンに次ぐ、世界第二位の規模を誇っています。

世界的な企業グループの創業者であるルパート氏は、コンピュータやＡＩの時代になっ

ても、「手で物をつくる」ことこそ人間の創造性の原点であると言っています。

　時代を超えて続く私たちの創造性の基盤は「工芸」であると考え、それが「調和と美を生み出す、特別で人間に固有の技能」だというのです。ルパート氏は二〇一六年に、創造性と工芸性のための「ミケランジェロ財団」を創設しました。

　このミケランジェロ財団がカタログで打ち出しているのが、「新しいルネサンス」という言葉です。工芸的な手仕事の復権を「新しいルネサンス」と位置づけ、二〇一八年からヴェネチアで、「Homo Faber（ホモ・ファーベル）」という工芸技術の一大展示会を始めました。「ホモ・ファーベル」とは、ラテン語でヒトの進化の原点である「（道具をもって）作る人」の意味です。

　サンマルコ広場の対岸にある、サン・ジョルジョ・マッジョーレ島が会場となり、旧修道院の建物や、図書館、一九六〇年代に建てられた旧市民プールなどを使い、二〇一八年には一六の展示が設けられました。各展示会場ごとに一人のキュレーターがついて、ヨーロッパ各地から集められた職人による作品展示や実演、ワークショップなどが行なわれました。

エルメスの馬具職人、ロブマイヤーのガラス職人、シャネルの刺繍《ししゅう》職人、スイスの時計職人、フランスのジュエリー職人。観客は、ふだんは表に出ることのない職人たちと実際に出会うことができ、さらには彼らの制作風景や圧倒的な技術を、目の前で見ることができます。

この展示会の大きな特徴は、本来はリシュモンの競合相手とも言えるラグジュアリーブランド、エルメスやシャネルなどの工房も参加していることです。世界の主要なラグジュアリーブランドのほとんどが参加していると言っても過言ではありません。

世界的なラグジュアリーブランドには、時代を超えて受け継がれてきた美意識が凝縮されています。美への感性を連綿と磨いてきたブランドが、自分たちのブランドの技術だけを誇るのではなく、皆で協調して、工芸技術全体の価値を発信しようとしているのです。

ミケランジェロやダ・ヴィンチのような大芸術家が存在し、人間性を称揚したかつてのルネサンス。それにも通じるような、美を生み出す人間の創造性を復権する動きが、世界でまさに今起こっているのです。

機械やコンピュータの力が大きくなった現在の社会にあってこそ、工芸へと立ち返り、すべての人が持っている創造性を再認識することが、世界的なうねりとなって重要性を増しています。

ミケランジェロ財団の言葉を借りれば、「小さな、しかし決定的な対抗運動が起こっている」のであり、行き過ぎた工業化に対するアンチテーゼとして、今、世界で工芸が大きく注目されているのです。

「美」と「工芸」が日本再生のカギ

工芸というと、ビジネスマンの皆さんから見れば、自分と遠いところにある存在にも思えるかもしれません。

けれども、それは人間にとって最も本質的なもの。私たちが豊かで満たされた生活を手に入れようとする際になくてはならない、ＤＮＡに組み込まれた行為から生じるものだと思うのです。

というのも、「工芸」というのは、そもそも人間がその手を使い、自然にあるものを加工して、生活をより良くするものをつくりあげてきたことが土台になっているからです。

食べるものを入れる器をつくろうとする行為から漆器や焼き物が生まれ、身近な木を加工することから木細工が生まれてきました。衣類などはまさにその最たるもので、もともとは暖を取るために、獣の皮や木の皮を体にまとうところから始まったもの。

物事が進化する起爆剤となるものに、人間が本能的に持っている「美」への探究心があります。

衣服で考えれば、ただ暖を取るだけなら、木の皮を巻いていてもよかったのです。それをわざわざ繊維にして、糸にして織り込んでいったのは、より優れた服、より美しい服を求めていった結果です。つまり美意識を持った創造的活動です。

その延長で、西陣織に代表される織物も生まれました。

しかし、より美しいものを求めれば求めるほど、人間の手でできることには限界が生じてきます。だから私たちの祖先は、美を求め、進化させるために、自らの身体を拡張しようとして道具や機械を生み出し、それにより「テクノロジー」が発達していったのです。

「機械」の「機」を訓読みすれば、織機を指す「はた」になりますが、これは偶然ではありません。そもそも美しい織物を織るための道具として誕生してきたのが「織機」であり、それが動力式の機械になり、現代文明を形づくっているテクノロジーへと進化してきたのです。

ただ、私たちはそうした「美」を追求し、自らを拡張してきたことを忘れてしまっています。その結果、あらゆる工業製品に魅力がなくなり、日本の製造業の勢いが衰えてしまっているのです。

本来、日本のものづくりは独自の美意識によって発展してきました。

例えば、きものの紋様は季節の風景をうつしとったものが多く、自然を表す色も、世界でも随一の種類の多さです。食材にしても、「はしり、さかり、なごり」と旬を細かく楽しむ風習があります。

日本人ほど、自然から生まれた美意識にこだわる民族はいないのではないでしょうか。

きものの例をもう一つ挙げると、西洋の衣服はどんなに美しい生地であっても、それを細かく裁断し、立体にして人間の体に合わせた加工をします。

それに対して日本のきものは、生地そのものを生かし、布を体に沿わせるように着る設計になっています。日本では、自然に近い状態こそが、最も美しいのです。

英語の「nature（自然）」の反対語は、「culture（文化）」だと言われ、欧米では自然と文化は、正反対であるという認識が一般的です。

これに対し、日本語の「自然」に対する反対語は、「人工」もありますが、「不自然」です。それは、調和がとれていない状態、混沌とした美しくない状態を指します。

日本が再生し、いままで以上に世界から求められる存在になるためには、こういった日本人が育んできた独自の「美意識」と、その表現である工芸の思考をもう一度見直し、創造性のヒントにするべきだと思うのです。

すべての人はクリエーターである

「創造性」と言っても、本書でお伝えしたい工芸的な創造性は、職人やデザイナーなどの専売特許ではありません。

「クリエーター」と言えば、アーティストやデザイナーなど、特別な職業というイメージで、ビジネスパーソンの方で、「自らがクリエーターである」と思っている人は多くないかもしれません。

でも、私の考えでは、創造とは「何かをつくりたい」という欲求に忠実になることで可能になります。仕事で何かをつくろうとしているとき、そこに人としての喜びが表現されているとき、すべての人はクリエーターではないでしょうか。

本書では、美意識が日本再生のカギとなり、創造と革新を発揮するためのヒントが工芸にあるということを、具体的な例を挙げながらお伝えしたいと思います。そのポイントは以下の三つです。

1、固定観念の打破
2、妄想によるイノベーション
3、美意識の育成

それぞれの視点を簡単に説明します。

パンクで常識を壊す

創造と革新を生むための第一のポイントは、「固定観念の打破」です。

実は私は、二〇代前半の頃はプロのミュージシャンとして活動していました。音楽にのめり込むようになったきっかけは、高校生の頃に「パンクミュージック」と出会ったことでした。

特に、イギリスのセックス・ピストルズというバンドに大きな影響を受けたのですが、今にして思えば当時、私がパンクに惹かれたのは、そこに「工芸的な姿勢」が表れていたからだと思います。

音楽に興味が出てくると誰しも、既存のアーティストの曲を「コピー」して演奏します。でも中学生の頃の私は、他人の曲をコピーして演奏したり、コピーバンドをすることにまったく夢中になれませんでした。

人の曲をコピーすることにモチベーションが上がらなかったのは、それが私の中で創造的活動ではなかったからです。一般的な道筋ですが、私はそこには面白さをまったく感じませんでした。

でも、高校生の頃にセックス・ピストルズと出会って、大きな衝撃を受けました。コード進行も原始的で、演奏も決して上手くはない。

それでも彼らは確実に、自身たちの音楽を自分たちでつくり出していました。完全にオリジナルな存在でした。その姿に、興奮を覚えたのです。

「音楽はプロがつくるものだ」——。そういう固定観念があるから、誰しも最初はコピーバンドをやるのだと思います。

でも、自分でギターを鳴らして好きにメロディーを付けたり、叫んだりすることのほうに喜びがある。ピストルズによって私は、「自分で音楽をつくればいいんだ」ということに気づかされたのです。

コピーバンドをやることには、まったく興味が持てませんでしたが、「自分で曲をつくる」ことには夢中になることができました。それを生業《なりわい》にしたいと思い、ミュージシャンになろうと決意しました。

パンクが当時の音楽シーンに一大センセーションを巻き起こしたのは、それがいわゆる上手な「プロの音楽」に対するカウンターカルチャー（対抗文化）だったからです。

それがカウンターでありえたのは、パンクも人間の欲求から生まれているからです。それは、何かを創造したいという欲求です。

すべては工芸の思考である「自らの手で、何かを創造したい」という欲求にある。その意味で工芸とパンクはイコールなのだと思います。

パンクはよく「演奏が下手」とか言われますが、欲求を大事にしているから、演奏が上手いか下手かは関係ないわけです。


アメリカ生まれのアート・リンゼイというミュージシャンをご存じでしょうか。

彼は「ギターの弾けないギタリスト」として知られています。彼は一九七〇年代末から八〇年代初めにかけてニューヨークで「ＤＮＡ」というバンドをやっていましたが、このバンドが面白いのは、ギターを弾くアート・リンゼイはギターを弾けず、ドラムを演奏する森郁恵はドラムを演奏したことがなかったことです。

彼らもまたパンク・ロックに影響を受けていました。

「楽器が弾けなくたって音楽はできる！」

これはまさに既存のコード（規範・枠組み）の破壊です。世間一般のコードにとらわれず、既存のコードを壊して、自ら新しいコードを創造しているのです。

これからのビジネスに求められることも、これと同じではないでしょうか。

つまり、既存の価値観や慣習にとらわれずに、自分の中の「何かをつくりたい」という欲求に忠実に、とにかくやってみることで、世の中に新しいコードが生まれるのです。

妄想とは「ドラえもん的発想」

第二のポイントは、「妄想によるイノベーション」です。

通常、スケールの大きいビジョンやアイデアは、固定観念というレーダーによって捕捉され、撃墜されます。上司や周囲からの「そんな前例はない」「技術的に不可能だ」「資金が足りない」などの反対意見です。

しかし、妄想とはビジョン・アイデアのステルス戦闘機のようなもので、固定観念による追撃を軽やかにすり抜けます。

『ドラえもん』は、最初に漫画が始まってからすでに五〇年以上の月日が経っているのに、いまだ人気が衰えない私も大好きな作品です。日本が生んだ不朽の名作と言えるでしょう。

なぜ、ドラえもんがいつまでも人気を集めるかといえば、現実ではありえない、私たちの途方もない妄想を実現してくれるからだと思います。

「絶対にできっこない」スケールの大きな妄想を実現してくれるからこそ、ドラえもんの物語は人に愛され続けているのではないでしょうか。

世界中の行きたい場所に、瞬時に移動したい。空を自由に飛び回ってみたい。時間をさかのぼって歴史上の憧れの人に会ってみたい……。すべては妄想ですが、ドラえもんがポケットから出す道具は、あらゆる妄想を実現してくれます。

実際、五〇年の月日が過ぎても、「どこでもドア」や「タイムマシン」といった、ドラえもんが叶えてくれる夢の道具は、まだ科学の世界で実現していません。だからこそドラえもんの道具は、いまだ私たちにとって、憧れの世界なのです。

でも、本当にドラえもんで描かれる妄想が、現実世界で実現することはないのでしょうか？

ドラえもんではないですが、漫画の『ドラゴンボール』に出てくる想像の道具に、「ホイポイカプセル」というものがあります。

これは要するに、どんな大きなものでも入れることのできるカプセルです。連載初期の頃に主人公たちは、ここに車や家を入れて旅をしています。カプセルを投げると瞬時に目の前に家が立ち上がるのです。

現在、多くの人は、土地に定住するという価値観をベースに生活をしています。私はあるとき、織物による「ホイポイカプセル」が実現すれば、その価値観をアップデートできるのではないかと妄想しました。

家を三〇年、四〇年ローンで買って建てて定住するよりも、季節に応じて最高の時期にだけ各地の場所を借りて暮らすことが可能になる。しかもそれを美しい織物による「ホイポイカプセル」で実現できないかと考えたのです。

実際、建築を定義する条件は何かを考えると、その中に「構造」と「機能」があるかということです。それでは織物の中に構造と機能を与えることができれば、西陣織による未来の家「ホイポイカプセル」が実現できるのではないかと考えたのです。

家を建てるとき、解体するときにはゴミや瓦礫など、様々な環境への問題がでてきます。また地震があると、人は建物の構造に潰されてしまうこともあります。

しかし、織物の家なら自由に立ち上げ、解体して運ぶことができ、ゴミを出さない。また織物の家は、柔らかいので、地震が起きても、人が押し潰されることはありません。

いわば「第二の皮膚」としての美しい織物の家。それが実現できれば人の価値観は大きく変わると思ったのです。

妄想で大事なのはスケール感です。「こうしたい」「こうなったらいいな」という欲求に忠実に、できるだけ大風呂敷を広げることです。そうするからこそ、「ではそのために何をやっていけばいいか」という、妄想を現実に変えるための具体的な行動計画が見えてくるのです。

織物で「家」はできるか？

「織物の家」と言うと、人によっては「何ともバカなことを」と思うかもしれませんが、実際に移動しながらその都度、組み立てられる「布の家」というのは存在します。それはモンゴルの遊牧民が使用している「ゲル」というものです。中国式に「パオ」と呼ばれることもあります。

これはテントと違って、直径が六メートルを超える立派な布の家です。表は帆布《はんぷ》で被われていて、その内側は断熱材としてのフェルトがはいっており、内部は美しい織物になっています。骨組み、構造は木でできています。大人三人で、二時間くらいで組み立てることができ、しかもマイナス二〇度を超える極寒の環境のなか、現地の人々はこの家で暮らしているのです。

四季によって移動もできるので、遊牧民たちは砂漠を移動しながら、いつもその時々に「最も好ましい土地」で暮らしています。

最先端のテクノロジーと長い歴史をもつ織物の技術が入ることで、さらにこのゲルを、誰でもが持てる「ホイポイカプセル」のレベルまで発展させることができないだろうかと。妄想から始まり、まずは何より移動式住居での生活を知らなければと、私は実際にモンゴルに出向き、二週間ほど遊牧民たちと共同生活をしてみました。

遊牧民たちと暮らしてわかったのは、彼らは私たちが想像する以上に快適な生活をしているということです。彼らは、ラクダや羊の世話をする一方で、大陽光発電用のソーラーパネルとパラボラアンテナを立てて、電気をおこし、電波をひろい、インターネットで情報を集め、子供たちは日本のアニメ『ワンピース』をYouTubeで観ていたりします。

ただ、こうした機器は当然ながら、布製ではありません。だから環境負荷が全くないわけではないのですが、限りなく地球にダメージが少なく、柔軟かつスマートに暮らしています。

妄想としての、織物の家。でも最近では、ソーラーパネルを糸にする開発をしているベンチャー企業もあります。そのうちに美しく機能的な織物の家を実現できるのではないか。ソーラーパネルの糸を一枚の布に織り込んでしまえば、家を形成する布でそのまま発電ができるようにもなります。

妄想がきっかけで、MITの「ディレクターズフェロー」に

「織物の家」は、最初は根拠など何もない、「妄想」レベルの話でした。

あるとき、アーティスト、スプツニ子！氏の紹介で当時MITメディアラボの所長であった伊藤穰一氏にお会いする機会がありました。面会時間は三〇分でした。私は伊藤氏とお話しできれば楽しそうだなというくらいの感覚で、そこから何かが始まるとは思っていませんでした。

一通り自分が取り組んでいることをお話しした後、最後に伊藤氏に、「細尾さん、これからやってみたいプロジェクトはありますか？」と聞かれました。その時に「西陣織によ

る『ホイポイカプセル』の妄想」を話したわけです。

次の日の朝、一通のメールが伊藤氏の秘書から届きました。MITメディアラボに「ディレクターズフェロー（特別研究員）」として来てもらえないか、というものでした。

MITメディアラボ「ディレクターズフェロー」とは世界中から各分野のスペシャリストを集め、MITの研究と掛け合わせることによって世界にイノベーションを起こすというものです。日本人としては初めてのディレクターズフェローでしたので、とても驚きました。

そうしてこれまで「ド文系」だった私は、MITの理系のスペシャリストたちと意見を交わすことになりました。研究のテーマは、「西陣織のホイポイカプセル」です。まったくの妄想に対して、実現にむけた本格的なリサーチが真面目に始まったのです。

「ホイポイカプセル」実現にむけて、西陣織の私が重視したかったのは、「美」を上位概念に置くということでした。我慢して「テント暮らし」をするのではなくて、最高に美しい織物の家を作る。そうじゃないと、「織物の家での暮らしが良い」という未来の価値観が、世の中に広がらないと思ったのです。

MITとの研究はまだ道半ばですが、大きな可能性を秘めていると思っています。また同時に、東京大学大学院やZOZOテクノロジーズと組んで、紫外線によって瞬時に硬化する織物の技術開発を行なっています。

「ホイポイカプセル」実現のためには硬軟をコントロールしなければ、というところから生まれた発想ですが、これは将来的に様々な用途に使えそうな気配が見えてきています。

今ある技術から何ができるかを考えるのではなく、「こういうものがあったらいいな！」という妄想による欲求からこそ、常識にとらわれない、イノベーションのきっかけが生まれるのです。

美意識は育つ

第三のポイントは、「美意識の育成」です。

美意識というと、多くのビジネスパーソンは、「何か大事なもののようには思うけど、どこか抽象的で、どうしたらいいのかわからない」という印象を持たれるかと思います。

しかし、美意識は鍛え、育てることができます。

それは、自身の感性に、経験を掛け合わせることによって確実に育つのです。

身体能力であれば、ある程度まで鍛えると、肉体的な限界をむかえます。たとえ、オリンピックで頂点に立った人でも、歳とともに身体能力は下降線をたどります。

でも、感覚の世界、美意識の世界は、死ぬまで鍛えられ、拡張させ続けることができます。

とにかく「これで良い」と止まらずに、美意識をアップデートし続けることが大切です。「これで良い」と思った瞬間に、美意識の成長は止まってしまいます。

だからこそ常に新しい世界にあえて飛び込んでいって、自身の感性に新しい経験を掛け合わせ、自分自身を更新し続ける必要があります。

物に触れたり、体験したりする。自分がやったことがないこと、新しいことに触れていくということが大事です。

たとえば茶道なども、先人が突き詰めていった美意識を身体化することによって、自らの美意識を拡張していく営みと言えます。

千利休が言った「守破離《しゅはり》」の「守」の部分は、まず先人がつくった型に徹底的に従うことです。そうやって先人の美意識を自分の中に取り込みます。

茶道で「畳のへりから七つ目の位置に茶入れを置いてください」というような型は、それに従うと実際に美しいのです。型に従うことで美意識を身体化させることができるのです。

先人たちが追求した美意識を、その人が残した型を真似ることによって、自分の中に取り込むことができます。その上で「守破離」の「破」や「離」のプロセスは、それを破壊して、もう一回構築し直します。茶道に限らず「道」というものには、そうした美意識を取り込む仕組みが内在していると思います。

手の中に脳がある

美意識を育てるために、難しく考える必要はありません。とにかく物に触れることが大事なのです。美意識を培ううえでは、物を画像や情報で知って理解した気になるのではなく、生で見て触れることが、とても大切です。

さらに言えば、できるだけ本物に触れるようにしてください。

人間のすべての感覚器は、皮膚の細胞から発展したものだと言われます。実際に情報量を考えても、触覚情報は視覚情報の何倍もの多さになるのではないでしょうか。

二〇一〇年に『ＡＸＩＳ』というデザイン誌の座談会で、イタリアデザイン界の巨匠、エンツォ・マーリ氏とご一緒する機会がありました。

マーリ氏はホワイトボードに「手」の絵を描いて、その手の中に「脳」を描いて、人間は「手の中に脳がある」とおっしゃっていました。ものすごい熱量でした。

「手の中に脳がある」という考え方は、私の染織《せんしょく》のメンターでもある、吉田真一郎氏という江戸時代の麻布《あさぬの》の研究者からも学びました。

吉田氏は江戸期の麻布研究の第一人者で、麻布のコレクションでは世界一。世界中の美術館、博物館からも、大きな信頼を寄せられています。

吉田氏がいままでお金を出して自然布をコレクションすることを続けているのは、「買わないと触れないから」だといいます。美術館でガラス越しに見るだけではわからないものがあるというのです。

だから実際コレクションを見せていただくと、必ず触らせてくれます。着させてもくれます。私もその影響を受けて、江戸時代の武士が着ていた熨斗目《のしめ》のきものを数点購入しましたが、間近に見て、触れることで、物に漂う気配のようなものを感じることができます。

それはやはり触れてこそわかる世界です。視覚だけではなく、五感を総動員して、物の質感を味わっているのだと思います。

五感を総動員して体験することが、美意識を磨くことにつながるのです。見た目だけの理解では、その価値を半分も量れていないことになります。

体験して感じる「圧倒的な情報量」

これはあらゆる情報に言えることで、料理は食べないと真価がわからないし、建築は中に入ってみないと、空間の本当の素晴らしさは感じることができません。

文学にしろ、映画にしろ、他のエンターテインメントにしろ、自分が体験してみて初めて「なぜそれが人々に受け入れられているか」が理解できるものなのです。

頭の中で理解する情報以上に、私たちは体験して感じる圧倒的な情報量に刺激されています。名画などは、確かにネットで検索すれば、どんな絵なのかすぐわかるでしょう。

でも、実際に展覧会を観に行き、現物の絵をじっくりと眺めれば、印象はまったく変わってくるものです。

色彩の豊かさや、絵の具の質感、構図の見え方など、実際に見て初めて感じられる細部がたくさんあります。

残念ながら多くの場合、絵画に手で触れることは難しいですが、もしそうできたら、はるかに大きな感動を得ることができると思います。

ネットの時代になり、私たちは家にいながら、どんな情報でも収集できるようになりました。だから自分で歩いて情報を集めることを怠り、検索によって簡単な知識を得るだけで、つい「知った気」になっていることが多くなってはいないでしょうか。

自分の中に美意識の基準をつくるためには、生身で触れて「感じる」ことを怠ってはいけません。

自分にとって未知の世界に生で触れようとすれば、初めての場所や、初めての経験にトライすることが多くなるでしょう。これは初めて海外旅行をしたり、新しい習い事をするときと同じで、それなりの勇気を必要とするものです。

ただ、飛び込むことで拡張できる自分の価値観は、計りしれないものだと思います。

生で見て幻滅した、食べてみてガッカリした、思ったよりもたいしたことはなかった……。それならそれでいいのです。

自分自身の持っている知識を経験によって修正したということですから、それも自分自身の成長につながります。

だから遠くへでも積極的に出かけ、面倒に感じることでも敢えて挑戦し、リアルな体験を得て、感性を大きく開いていきましょう。家と職場の往復だけのマンネリな生活を繰り返していては、美意識も磨かれないでしょうし、自分の価値観を広げることもできません。自分を奮い立たせて、意識して未体験のものやことに触れてみようとすることがとても重要なのです。

固定観念を壊し続けながら、妄想によってビジョンを広げ、自身の美意識を鍛え、育てていく。美を追求する営みである工芸には、これからのビジネス、そしてこれからの時代を考えるためのエッセンスが詰まっています。

次章からはその軸となる三つの視点を、さらに踏み込んでご紹介します。

第2章

固定観念を打破せよ

固定観念の打破が革新のカギとなる

本章では、「固定観念の打破」という視点をさらに掘り下げます。

この視点は私自身が、失敗も成功も含めて、身をもって体験したビジネスの経験から浮かび上がってきたものです。私自身がどんな経験をしたのか。まずはそのことをご紹介して、その後で視点を深掘りしていきたいと思います。

もともと私は二〇代の頃、プロのミュージシャンとして、「EUTRO」というユニットで活動し、東京のレコード会社からデビューもしていました。

当時は麻布の「Space Lab YELLOW」や新宿の「LIQUIDROOM」などクラブが全盛期で、私たちも様々なクラブで演奏していました。曲がテレビCMで使われることもありました。

ところが、全身全霊をかけて音楽に打ち込んでいたのに、仕事のギャラは決して多くはありません。ミュージシャンとしての充実感とは裏腹に、お金の面では、食べていくのも厳しい状態が続いていました。

そんなときに私が出会ったのが、家業にも通ずるファッションビジネスの世界でした。

二〇〇一年のことです。当時まだ建設中だった六本木ヒルズの横に、「Think Zone」という前衛的なアートスペースがありました。そこでファッションのイベントがあり、私たちは会場で演奏をする機会をいただいたのです。

当時はまさに、裏原宿発のストリートファッションの全盛期。藤原ヒロシ氏の「GOODENOUGH」、高橋盾氏の「UNDERCOVER」、NIGO氏の「A BATHING APE」といった若者発のファッションブランドが、世の中に旋風を巻き起こしていました。

彼らはパンクやヒップホップといったストリートカルチャーを、ハイファッションと融合させた独自のスタイルを作り出して登場しました。原宿の「裏通り」に店舗を構え、絶大な人気を誇っていました。

「ストリート」というメイン・カルチャーの真逆にあるスタイルをハイファッションと融合させ、メイン・カルチャーのルールを塗りかえてしまったそのスタイルに、私も強く憧れていました。

ファッションを軸にして、自分のやってきた音楽、さらにはアートやデザインを融合させた新しいブランドを作ろう。分野を超えた表現活動を行なうブランドによって、社会へ新しいメッセージを発信していこう。Think Zoneでのイベントに出演した際に、そんなアイデアが閃いたのです。

ファッションブランドをつくろうと思い立ったのには、もう一つ別の理由もありました。私はそれまで周囲の仲間たちと音楽にすべてを捧げ、最高の音づくりを追いかけていました。

ところが周囲を見渡せば、友人のミュージシャンもクリエーターも、作品は素晴らしいのに、経済的には「食うや食わず」の状況でした。

「音楽では食べていけない」と言って、音楽活動をやめていく友人も多かったのです。だからこそ私は思いました。今の仕事をみんなが続けていくために、みんなが生活していける「システム」をつくる必要がある。私は環境づくりも、音づくりの一環だと考えていたのです。

音楽や映像、デザインやアートも巻き込んだクロスジャンルのファッションブランドを作って、ビジネスを成功させる。それによって周りの人たちの生活を支え、彼らが表現活動を続けていけるようにする。そんなビジョンを思い描いていました。

ちょうどその頃、クロスジャンルの表現集団が世界的な活躍を始めている時期でした。九〇年代には、イギリスで「Tomato」というデザイン集団が結成されました。デザイナーやアーティスト、作家やミュージシャンが一緒になって、デザインや映像の制作活動を繰り広げていました。

もともとは音楽レーベルとして二〇〇一年にパリで結成された「Maison Kitsuné」も、ファッションブランドとしてもビジネスを展開していました。

分野を超えた協業こそ、クリエイティブなビジネスを成功させるカギだ。そんな感触があったのです。

たまたまその頃、仕事で上海に行く機会がありました。

泰康路《タイカンルー》という町の工場跡地に行くと、そこには様々なジャンルの、中国のアーティストたちが集まっていました。画家のアトリエや写真スタジオ、モデル事務所などが集中していたのです。

中国人だけでなく、多くの欧米人も訪れていて、西洋の文化と東洋の文化が入り交じったような、活気がみなぎる場所でした。

泰康路のロフト付きの部屋が六万円で借りられると聞きました。この場所で、クロスジャンルのクリエイティブなファッションブランドを立ち上げれば、世界に対して面白いことが起こせるんじゃないか。

日本人とはあえて名乗らずに「上海発の謎のファッションブランド」みたいにしよう。音楽活動も続けながら、上海でそのブランドの服を製造し、お店も出す。販売のメインは東京で、展示会をやって卸していこう。そうやってファッションビジネスで儲けを出して、仲間たちとものづくりを続けよう。

それが、ファッションブランド「SHAN《シャン》_QOO《クー》_FUU《フー》」の始まりでした。服のデザイナー、生産管理の担当者、グラフィックデザイナー、営業の担当者の四人と契約を結び、私とそのメンバーの五人で始めました。

服のデザイナーは、私が高校生のときから好きで通っていた京都のアパレルショップのオーナーでありデザイナーでした。生産管理の担当者はアパレルの生産管理のプロフェッショナル、グラフィックデザイナーはプロのデザイナー、営業担当者はそれまで別のファッションブランドのプレスの担当者という、各分野の精鋭を集めたチームでした。

ブランドの立ち上げと解散

しかし「SHAN_QOO_FUU」の挑戦は、厳しい現実の壁にぶち当たることになりました。

需要がなかったわけではありません。立ち上げたばかりのブランドとしては珍しく、国内の有名セレクトショップに商品を卸すこともできていました。

とにかく最高に美しい服をつくろう。そうでなければ世界では勝負できないはずだ。そんな強い覚悟のもと、私は全力で動き回っていました。

「最高の素材」を求めて、生地から服をつくるというのは、ファッションブランドとしては珍しいことでした。ふつうは既にある生地から選んで服をつくります。

「最高の服は、最高の素材からできる」

最高の素材で最高のデザインをつくっている自負はありました。最高にかっこいい服がつくれているし、受注も順調なのだから、このまま突き進めば、かならず成功できる。そう思っていました。

今思えば当時の私には、「最高の商品をつくれば最高の結果が出る」という思い込みにとらわれていたのです。

当時は、自らの思想に忠実であると思っていましたが、今から考えてみると、想いにとらわれていて、ビジネスの感覚が欠けていました。すなわち、美意識をビジネスと結びつける、プロデュース力が欠けていたのです。

最高に美しい服をつくろうとするあまり、そのためのコストは二の次になっていました。お金がいくらかかったとしても、最高のものをつくれば必ず成功する。そんな固定観念にとらわれていたのです。

その結果生じていたのは、商品を売れば売るほど損をするという最悪の状況でした。お恥ずかしいことに、原価が卸値を超えている商品もあったほどです。

そんな状態ですから、だんだんと会社を回すことだけで精一杯という状態になっていきました。

「どうすれば会社を維持できるか」——。

毎日毎日そればかりを考えていました。

その結果、当初両立しようとしていた音楽活動のほうは、まったく手に付かなくなってしまいます。

「自分がお金を稼ぐから、一緒に音楽を続けよう」と約束して、音楽を続けてくれていた、当時のユニットの仲間にも申し訳ない状態でした。

結局「SHAN_QOO_FUU」は、ビジネスを回していくことができず、ブランドは二年で解散に至ってしまいます。

私は、友人たちに応えられない状況をつくってしまった自らの不甲斐なさに絶望し、ひどく落ち込む日々が続きました。いったい何のために会社を始めたのだろうか。何が駄目だったのだろうか、と。

ゼロからビジネスを学びたい

数カ月の間、悶々と自問自答を繰り返して過ごすうちに、少しずつ冷静に考えられるようになっていきました。考えてみれば、答えは明らかでした。

コスト度外視でクリエイティビティだけを追いかけていた私に欠けていたのは、ビジネスの感覚であり、ビジネスのスキルでした。

そこで私は決意し、「自分に足りないものをもう一度一から勉強し直そう」と考えたのです。それまで自己表現にしか興味のなかった人間が、人生で初めて企業に就職することにしたのです。

自分に足りない経験を補うには、それがベストな方法に思えました。

しかしそう決意はしたものの、迷いもありました。

それまで独自の表現だけをアイデンティティとして生きてきた自分が、組織の一員としてビジネスをするなんてできるのか。

それまでの自分や周囲がしてきた活動への裏切りではないか、とすら思えました。

しかし、大きな失敗をしたのだから、とにかく謙虚になって、実際に成功している企業から学ぼう。そう思い、新たな一歩を踏み出したのです。

最高の美を届けるビジネスがしたい

入社したのは、その頃ファッション・ジュエリーの販売で国内一位だった、一部上場の大手企業です。

変わったのが来たと面白がってもらったのか、中途の募集で採用してもらい、京都から東京へと引っ越し、勤め始めました。音楽の仲間たちとは、そのときに離れることになりました。

その会社には四年間勤めましたが、品質管理、納期管理、企画からマーチャンダイジング、営業、広報と、あらゆることを勉強することができました。

一度自分で大失敗をしていたからこそ、会社で学べるすべての知識や、すべての経験が心に刺さりました。水がスポンジに染み込むように、あらゆる事柄を貪欲に吸収できている実感がありました。

その企業は当時、フランスのパリにも店舗を出し、海外展開を始めていました。

私の部署の隣が海外営業の部署でした。しかしそのメンバーと話すと、パリで自社のジュエリーがまったく売れないというのです。

西洋にルーツのあるジュエリーを、日本がいくらマネして持っていっても、誰も相手にしてくれないということでした。出店したパリの店舗も、実績を上げることができず、撤退していきました。

その話を聞きながら私は自然と、「海外で日本のブランドを売るにはどうすればいいのか？」を考え始めていました。

それまで音楽やファッションというフィールドで「最高に良いものをつくりたい」と思って邁進してきました。その延長で自分の中に「最高の美を届けるビジネスがしたい」「そのためのプロデュースがしたい」という強い気持ちがあることに気がついたのです。

一度は自らの固定観念にとらわれるあまり失敗を経験しましたが、もう一度、自らの力で海外に日本から何かを売り出してみたい。

けれども日本発のブランドが海外で成功するためには、何か力強い個性が必要になる。ひょっとしたらその個性は、海外にはない、日本独自の「伝統」の中にあるのではないか。私の家が代々継承してきた「西陣織」は、その可能性を最も秘めたものかもしれない。このとき初めて、私はそれまで自分が距離を取ろうとしていた家業に目を向けたのです。偶然にも、ちょうどその頃家業の細尾は、西陣織の海外展開に着手し始めていました。

織機の音が街から消える

西陣織のマーケットは、ここ三〇年の間に、一〇分の一になってしまっている厳しい状況でした。かつては成人式にブライダルと、生涯のうち、きものを買うタイミングがいくつかあったものです。

しかし現在はレンタルが増えました。人口減少やバブル以後の不況を受け、日本人の経済状況や生活様式が変化するのに伴い、きものは一種の「贅沢品」として、需要を失ってきていました。

かつて、私が生まれた京都・西陣の街では、どこに行っても、夜中までガタンガタンと織機の音が響いていました。友達の家に遊びに行けば、そのお母さんが機を織っているのは当たり前のことでした。それくらい街は西陣織の製造で賑わっていたのです。

ところが現在、街から織機の音はすっかり消えてしまいました。

多くの機屋《はたや》や卸店が撤退し、工房だった場所は、多くがマンションなどに取って代わられています。それは日本人がきものを買わなくなっていることの表れでした。

「西陣織」は、なぜ海外で売れなかったのか

この先一〇〇年「西陣織」を続けていくためには、販路を広げるしかない。

細尾はこうした形勢を逆転するため、海外展開に賭けていました。

当時の社長だった私の父は、二〇〇六年にテスト・マーケティングとして、パリの「メゾン・エ・オブジェ」という見本市にソファーを出品しました。

メゾン・エ・オブジェは年に二回、パリで一月と九月に行なわれるインテリアとデザインの展示会です。世界中から約一〇万人の来場者が訪れる、世界最大級の商談の場です。

一年かけて準備してパリまで持っていったのですが、結果は、オーダーゼロ。

初めての海外戦は厳しい幕開けとなりました。それだけ大規模な見本市に出したのに、まったくオーダーがないというのは、あまりにショッキングな結果でした。

いま思えば、その結果には二つ理由がありました。

一つは生地幅の問題です。西陣の帯の幅は通常三二センチです。その幅の織物でソファーをつくっても、どうしても生地の継ぎ目の箇所がたくさん出てしまう。継ぎ目だらけのソファーは、インテリアとして見た目が良いものではありません。

もう一つは、「織物でつくった製品で勝負しないといけない」と思い込んでいたことです。固定観念を離れてよく考えてみれば、細尾は織物のプロではあっても、家具のプロではありません。世界のマーケットでどんなプロダクトが求められているのか、それをわかっていなかったのです。

仮に売れたとしても、メンテナンスはどうするのかという問題もありました。

何とか製品をつくったものの、当時の細尾には、その商品をきちんとケアできるノウハウもスキルもなかったのです。

クッションなら勝機はあるだろう

翌年はその反省を生かし、もう少し市場調査をしたうえで製品をつくることにしました。「海外ではクッションの需要が多い」というデータを踏まえ、メゾン・エ・オブジェにクッションを持っていくことにしました。

海外の百貨店ではクッションを多く売っているし、家庭でもシーズンによって変えたり、ベッドで使ったりと多くの用途があります。

「それならば勝機はあるだろう」と考えました。

日本独自の和柄を生かした高級クッションなら、勝負できる。それにクッションの大きさであれば、生地幅が足りずに継ぎ目だらけになってしまうこともありません。

クッションで勝負した二〇〇七年のメゾン・エ・オブジェでは、オーダーが少し入りました。香港の高級セレクトショップ「レーン・クロフォード」と、ロンドンの老舗百貨店「リバティ」からのオーダーでした。

しかしオーダーが入ったといっても、決して大きな規模のものではありません。

一年かけて商品を準備して、パリまで行って売ってという労力とコストを考えると、事業としては大赤字でした。

しかし細尾は初めてのオーダーに勢いを得て、その翌年も出展を続けました。その頃東京のジュエリー会社にいた私は、細尾のこの海外展開の動きを見て、家業に戻ろうと決意を固めたのです。

一年だけ専属でやらせてほしい

まだ日本国内でしか知られていない伝統産業の西陣織を、海外に向けて売り出していく。その挑戦に、とても可能性を感じていました。

前例がどこにもないからこそ、プロデュースしてみたいと思いました。

その頃にはビジネスの基礎は多少学習していましたし、その上で、独自の優れた技術を持つ西陣織を海外に売り出せば、日本から世界的なハイブランドをつくれるんじゃないか、そう思ったのです。そんなわけで私は二〇〇八年一〇月に、海外展開を推し進めるべく、やる気満々で家業に戻りました。

ところが実際に戻ってみると、社内のテンションが思っていたのとはまったく違いました。

会社の意識は、依然として国内を向いていました。伝統の帯と、約一〇〇年前に曾祖父が始めた問屋業が軸の会社。それは変わらない、と。

海外展開といっても、当時はどんどんお金が出ていくばかり。多少オーダーが入るにせよ、ビジネスとしてはまったく成り立っていませんでした。

きものビジネスがこんなに苦しいときに、なんでわざわざ海外展開なのか。そんなのやめたほうがいいんじゃないか。社内をそんなムードが覆っていました。

でも私自身はそれがやりたくて入っているので、やめるわけにはいきません。

「一年だけ専属でやらせてほしい」と願い出ました。

その頃はまだ、海外事業専属のスタッフはいませんでした。みんな兼務で、どちらかというと社長に「無理やりやらされている」という感じでした。

「これでは勝負に勝てない」と思いました。

西陣の職人が、確かな技術で質の高い織物をつくっていることはわかっていました。だからこそ、「伝え方を変えれば絶対に売れるはずだ」という確信がありました。

予算もない中でしたが、自分の昔のツテをあたって、英語のロゴや会社のホームページをつくったり、まずは海外の人に細尾を認知してもらうための最低限の準備を整え、私はクッションをトランクに入れてハンドキャリーで運びながら、各地の大規模な展示会を転々としていました。

ミラノの「ミラノサローネ国際家具見本市」、パリの「メゾン・エ・オブジェ」、フランクフルトの「アンビエンテ」、ニューヨークの「ICFF」。とにかく世界の大規模見本市に、出展できるだけしていきました。

西陣織の同業者には、海外進出の前例はありませんでした。

最初は海外にどうやって物を発送したらいいのかもわからず、「関税って何？」という状態でした。

でも出展を続けていくと、いろいろなバイヤーから「こういう資料を用意したほうがいいよ」とか、「値段をこうしたほうがいいんじゃないの？」といったアドバイスがもらえました。そういったこともあり、毎回少しずつやり方をアップデートしていったのです。

どうしてもこの事業がしたくて会社に入っていたこともあり、ビジネスとして成立させるために、私はあらゆる手を尽くしました。

しかし、それだけの情熱を注いでいるにもかかわらず、代わり映えのしない状況が続きました。多少オーダーは入るけれども、ビジネスとして採算が取れるところまでは行かない。

「これはマズい」——。厳しい状況が続きました。

有名建築家から予想外の依頼が届く

そんな中、転換点になったのは、二〇〇八年一二月にパリの装飾美術館で開かれた「kansei - Japan Design Exhibition」という展覧会でした。

これは、日仏交流一五〇周年を記念した展覧会で、「日本の感性価値」がテーマでした。

私たちは西陣織の、琳派《りんぱ》柄の帯二本を出品しました。

この展覧会では工芸品だけでなく、任天堂のゲーム機や、チームラボが制作したアニメーション、深澤直人氏がデザインした携帯電話、リコーのカメラなどもありました。この展覧会は非常に好評で、翌年ニューヨークに巡回しました。

美術館での展覧会なので、ビジネスに発展するとは思っておらず、「多くの人に西陣織を見てもらえたらいいな」という程度の軽い気持ちでした。

ところが翌年の二〇〇九年、ニューヨークでの巡回展が終わった直後に、ニューヨークから一通のメールが細尾に届いたのです。

「展覧会で帯を見た。その帯の技術と素材を使って、テキスタイルの開発を依頼したい」というものでした。驚いたことに、ニューヨークの有名建築家、ピーター・マリノ氏からの依頼でした。

ピーター・マリノ氏は、世界で五本の指に入る建築家で、インテリアデザイナーとしても活躍されています。ラグジュアリーブランドの建築を数多く手がけている人で、ディオールやシャネルなど、世界中の店舗のデザインを行なっていることでも知られています。

二〇一二年にはフランスで芸術家に与えられる最高の名誉、「芸術文化勲章オフィシエ」も受勲したほどの建築家です。

内装に西陣織の素材を使いたい

そのマリノ氏から送られてきた図柄を見て、私は衝撃を受けました。

それは、想像していたような「和柄」ではなかったのです。

溶けた鉄のような、抽象的なパターンを、西陣織の伝統的な技術・素材でつくってほしいという依頼でした。

ちょうどディオールが一〇年に一度のタイミングで、世界中の店舗の内装をリニューアルしている時期でした。マリノ氏は壁面やカーテン、椅子など、ディオールの店舗の内装に西陣織の素材を使いたいというのです。

マリノ氏からの依頼は、私たちに大きな気づきを与えてくれました。

それまで私は、「和柄じゃないと海外では差別化できない、戦えない」と思っていました。しかし現実に先方が求めてきたのは、抽象的なパターンを、西陣織の伝統的な技術・素材で表現することでした。

つまりニーズの在《あ》り処《か》は、「柄」ではなく「技術」と「素材」だったのです。

これまでは「和柄」こそが差別化のポイントだという固定観念に丸ごととらわれていたために、日本的なものを求めるところに販売先が限られてしまい、ニッチなマーケットで勝負せざるをえない状況になっていたのです。

私たちはマリノ氏の依頼を通して、そのことに気づかされました。

もう一つの気づきは、それまで私たち自身が「製品にしないと海外展開できない」と思い込んでいたことです。ソファーであれクッションであれ、「製品化」にとらわれていたために、販売先がインテリアショップなどに限られてしまっていたのです。

しかし製品にこだわらず、テキスタイルそのものであれば、建築家やプロダクトデザイナー、ファッションデザイナーやアーティストなど、様々なジャンルのクリエーターがクライアントとなり、世界中のラグジュアリーマーケットがターゲットになります。

「技術」や「素材」そのものに価値がある。

この事実は、私が抱いていた固定観念を根底から破壊し、大きく視野を広げてくれました。

世界初一五〇センチ幅の織機を開発する

しかしマリノ氏からの依頼に応えるには、高い壁が立ちはだかっていました。それは生地幅の問題です。西陣織の伝統的な生地幅は三二センチ。その幅しか織れないために、ソファーをつくっても継ぎ目だらけになってしまったため、ソファーからクッションへと移行した経緯がありました。

店舗の内装に使うための織物としては、世界の標準幅である一五〇センチ幅が必要です。でもその幅を織ることができる織機は、西陣にはありませんでした。

「ないんだったら、つくるしかない」

私はそう思いました。

しかし海外展開で赤字を垂れ流しておいて、さらに新しい織機をつくるなんて。それに、開発にチャレンジしても、成功するかどうかわからない。費用もいくらかかるかわからないし、本当にできるかどうかも、やってみないとわからない。悶々と悩みました。

ただ私自身は、それまで海外の見本市に足を運んで売ってきたなかで、ある確信がありました。

「ここを突破しないと、世界での勝負には絶対に勝てない。逆にここを突破すれば、西陣織には他の世界にない独自の素材や技術があるので、絶対に勝てる」

国内でのきもの産業の危機を打開する、絶好のチャンスにさえ思えたのです。

だから私は、「世界の標準幅である一五〇センチ幅を織れるようにする」ことにこだわりました。

「それはできない」という固定観念をはねのける「挑戦」こそが、細尾が脈々と受け継いできたDNAでもあり、父も後押しをしてくれました。

そういうわけで世界初の、一五〇センチ幅を織ることのできる西陣織の織機開発に入ったのです。

工房長の金谷が中心になって、西陣の職人と連携して進めました。

高齢化も進んでいましたが、西陣にいる織機のスペシャリストにも、プロジェクトチームに入ってもらいました。

しかし、万全のチームを組んでトライしたのですが、開発はそう簡単には行きませんでした。

いちばんのハードルは、箔の糸を織り込むことにありました。

箔の糸とは、和紙に本金や本銀を貼り、それを細かくカットした西陣織の特徴的な素材のことです。糸は通常撚糸《ねんし》と言って、糸をより合わせてつくられるため立体的なのですが、箔はいわば紙を切っただけの状態なので、限りなく平面に近いのです。

平面だからこそ、面全体で発光する美しさがある、特別な素材です。

一方で、裏返ると傷になりますし、捻《ねじ》れると効果が出ません。

箔を織機の中で、コンマ何ミリの精度で真っ直ぐ、裏返らないように扱うのがとても難しいのです。

帯に箔を織り込むときには、通常、竹べらに箔を乗せて手で織り込んでいきます。熟練の職人の手作業を織機の中に組み込むのですから、簡単ではない高いハードルでした。

しかし、西陣織ならではの素材・技術が使えなければ、海外では勝負にならない。

そのためには、どうしても箔の糸を織り込む必要がありました。

私は海外で「負け戦」を繰り返してきたからこそ、マリノ氏からオファーが来たときに「かつてない織機を開発しよう」という大胆な発想になれました。

もし海外展開の一年目で同じオファーが来ていたら、

「一五〇センチ幅の織機はないので、織れません」

と断っていたと思います。

勝てない海外戦を続けてきたからこそ、ビジネスの勝負勘が働いたのです。

「この波に、絶対に乗らなければいけない」

そう確信していました。

結果、一年かかりはしましたが、西陣織の素材を織り込むことができる、一五〇センチ幅の織機の開発に見事成功しました。これは西陣織の一二〇〇年の歴史の中で初の発明でした。

予想どおり、細尾の海外事業はここから一気に加速したのです。

ディオールのニューヨークの店舗では、細尾の西陣織が椅子やソファーの張り地、壁紙などに使用されました。

ディオールの店舗で箔が立体的にきらめく様は、鳥肌が立つくらいに壮観でした。

立体的で、多様な素材が織り込まれているという西陣織特有の魅力が、海外に伝わった瞬間でした。

その後も新開発の織機で、ディオールの海外店舗の内装をどんどん手がけていきました。パリから始まり、ロンドン、ミラノ、ニューヨーク、上海、香港、ドバイ、サウジアラビア。銀座や大阪の店舗にも広がりました。

現在、世界一〇〇都市一〇〇店舗ほどで使われています。

その仕事の好調を受けて、年に一台ずつ織機を増やしていきました。

ほどなく、シャネルからも声がかかりました。シャネルでも、世界六〇店舗ほどで内装に使われています。

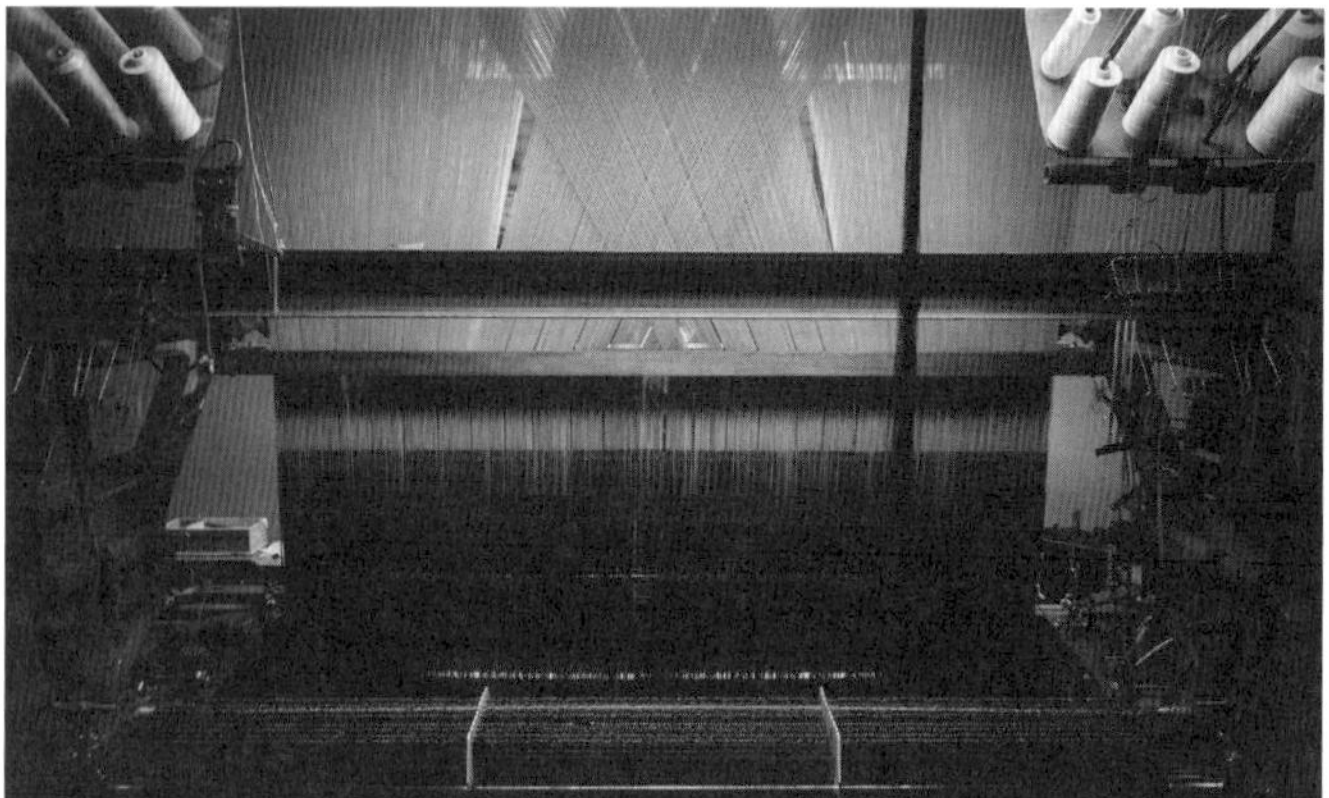

世界初の一五〇センチ幅の西陣織織機

さらにいまでは、エルメス、カルティエ、ヴァンクリーフ&アーペルなど世界中のハイブランドの店舗の内装に、細尾の西陣織が使用されています。

現代アートから、世界初の新素材が生まれる

現在、細尾の創造性の源泉の一つは、アートにあります。

細尾はこれまで、アーティストとのコラボレーションにも積極的に取り組んできました。たとえば、二〇一四年に現代アーティストのテレジータ・フェルナンデス氏と行なった、『Nishijin Sky』というプロジェクトがあります。

フェルナンデス氏は、作品には億の値がつくこともある、世界最高峰のコンテンポラリーアーティストです。日本でも瀬戸内の直島にパーマネントコレクションされている作品があります。

彼女がふだん発表している作品は、真鍮《しんちゅう》にランドスケープを描き、その表面に観る人が映り込むというものです。

「ものの二面性」が彼女の作品のテーマになっています。

このときの彼女とのコラボレーションは、強烈に印象に残っています。

「アーティストからどんなリクエストが来るのか」と身構えていた私たちは、驚きました。

リクエストがとくに何もなかったのです。

彼女からは、作品の元になる絵が送られてきただけでした。

「リクエストがないほうが楽なのでは？」と思う方もいるかもしれません。

実際は逆です。

リクエストが様々あれば、それを西陣の技術でどう実現すればいいのか、私たちは表現の「手法」に集中すればいいだけです。

ところが、リクエストがなければ、そもそも「何を表現するか」から、私たちが自ら考えなければならないのです。

せっかくのコラボレーションですから、彼女の想像を超えるものをつくりたいという気持ちもありました。

作品を理解して咀嚼《そしゃく》したうえで、西陣織の技術で表現しなければならない。そこには非常に高いハードルがありました。

「アートをなめるな」と駄目出し

最初私たちは、フェルナンデス氏から送られてきた絵を、西陣織の技法のひとつである手織りの綴織《つづれおり》で表現しようと考えました。

綴織というのは、複雑な文様になると一日にわずか一センチしか織り進められないほどの高度な技術と時間が必要な織り方です。

しかしそれによって実現される綴織は、他の織物とは別格の、最高の美を備えた織物になります。

フェルナンデス氏の作品に対して、私たちは超絶技巧で応えようとしたのです。

ちょうど香港で開催された「アートバーゼル」というアートフェアのときに、ニューヨークのリーマン・モーピンというギャラリーが出展していて、彼女が香港で展示をしていました。

ギャラリーのオーナーとフェルナンデス氏もその会場に来ていたので、つくった綴織を二人に見せようと私は香港に飛びました。

結果はNGでした。

「これはこれで綺麗だけど、私との作品じゃなくていいですよね。アートではないですよね」と。

ギャラリーのオーナーには「アートをなめるな」とさえ言われました。「デザインの世界だったらいいかもしれないけど」と。


そのときはショックを受けましたが、何が駄目だったのか。

「最高の美を備えた織物をつくれば認めてくれるはずだ」と考えたこと。これもまた私たちが抱いていた固定観念でした。

そこで私たちはその考えから離れ、もう一度、ゼロから考え直しました。

綴織だと、彼女の作品を表面的に織物でコピーしているだけになってしまうのではないか。単に美しいものではなく、彼女の作品と結びついた、織物ならではのコンセプトがないといけないのではないか。

そこで彼女の作品のテーマである「ものの二面性」に向き合う必要がありました。

そして「ものの二面性」とは何かを考え、「織物ならではの二面性」を表現することにしたのです。

夏物のきもので使われる紗《しゃ》という織物があります。織組織により、糸をからませ、生地に隙間を作ることで、通気性と透過性の高い生地となるものです。

それを応用して、私たちは彼女の作品を、透ける部分と透けない部分のある「二面性の織物」で表現することにしました。

ある側から見ると織物が透けて見えて、向こう側に人がいるのがわかる。けれども反対側から見ると織物はまったく透けず、向こうに人がいるかどうかはわからない。

それを実現するための織機を開発するために、これまた丸々一年の期間が必要でした。

こうして完成した織物作品が『Nishijin Sky』で、幅六メートル、高さ二メートル五〇センチという大きなものになりました（7ページ参照）。

この作品を見せると、フェルナンデス氏のOKが一発で取れました。

それは織物の構造と光の反射を利用した、新素材が生まれた瞬間でもありました。

「常識」では革新的な製品は生まれない

このようにアーティストとのコラボレーションには、大変な難しさがあります。

アートは〇点か一〇〇点かの世界なので、「八〇点でOK」というわけにはいかないのです。そういう意味で苦しさがありました。それでも挑戦することで、世界初の素材を開発することに成功しました。

私たちはのちにこの技術を応用して、レストランのプライベート・ルームなどに使用できる、個室と外を隔てるための遮蔽《しゃへい》用のカーテンを開発しました。このカーテンは、いまではザ・リッツ・カールトンホテルのレストランなどで使用されています。

カーテンはふつう「遮光」か「レース」かというように、光を遮《さえぎ》るか、通すかで異なる素材が使われています。

しかし私たちが開発したカーテンは、ある部分は光を通し、ある部分は通さないという二面性があるものです。遮光とレースとの中間の、木漏れ日のような光の世界を生み出すことができるのです。

個室からは外が透けて見えるけれども、外からは個室の中は見えない。プライベート・ルームのカーテンには最高の素材です。

プライバシーを守りつつ外の空間に開かれている、現代の繊細なニーズに合う素材だと思います。

アーティストと協業するために一年かけて織機の開発を行なっていては、プロジェクト単独では当然赤字です。

しかしこのケースではアーティストとの協業によって得た成果を、新技術や新製品として展開していくことで、採算を取ることができました。

自分たちが想像さえしなかった、二面性を持った織物は、「今までの常識」で開発したわけではありませんでした。

だからこそ逆に、まったく新しい素材へたどり着くことができたのだと思います。

「逆転の発想」で勝機を見出す

現在、二〇二〇年から続く新型コロナウイルスの世界的な流行により、ビジネスをめぐる環境ものすごいスピードで変化しています。

飲食業やホテル産業などをはじめ、困難な壁に直面している業界や企業も多いことと思います。

ファッションなどの小売も、実店舗での販売が厳しい状況にあります。そのためECサイトなど、別の場所に販売機会を見出そうと奮闘しています。

今やあらゆるビジネスが、環境の変化にさらされています。新しい挑戦をすることなくしては生き残れない。そんな状況になっているのではないでしょうか。

もちろんきもの業界、そして細尾も例外ではありません。

しかし、三〇年で一〇分の一に縮小した西陣織の危機を打開しようと必死に取り組んできた人間として、一つお伝えできる実感があります。

それは、この危機を打開できるかどうかは、固定観念にとらわれずに、ピンチをチャンスととらえる逆転の発想ができるかどうか。

それ次第で状況は一八〇度変わってくるのではないかということです。

実際、細尾のこれまでの挑戦もそうでした。

・三二センチではなく一五〇センチ幅を織れる織機の開発

・片側からは見えずに、もう片側からは木漏れ日のような光を導き入れる半透明のカーテン

どちらも最初は「そんなの無理だ」と言われました。

しかし、逆転の発想でそんな世界初に挑み、実現できたからこそ、西陣織の世界におい

て大きな「違い」を生み出すことができたのです。

その結果、かつてない一流ブランドのニーズを呼び起こし、ラグジュアリーマーケットを開拓することに成功したのです。

伝統工芸を担う細尾は、バイオテクノロジーやデジタルテクノロジーなど、最先端の技術ともコラボレーションを行なっています。これも固定観念にとらわれずに、これは音楽の言葉で言えば「フィーチャリング」(featuring)のような感覚です。様々なジャンルの優れたミュージシャンに客演してもらい、自分たちの幅を広げることです。

細尾は、この他にも多分野のスペシャリストと様々なセッションを行なっています。

バイオテクノロジーの分野では、蛍光タンパク質を持つクラゲのDNAを蚕《かいこ》に組み込んで、光を変調させる糸で織物を作ったり、数学者やプログラマーと協業して、まったく新しい織の組織を開発したり、温度や環境によって変化する織物を発明したりしています。

伝統工芸の枠からはみ出るような挑戦を行なうのも、自分自身への挑戦と固定観念を壊すためというのが一つの理由です。

フェルナンデス氏など現代アーティストとのプロジェクトも同様です。

伝統工芸である西陣織と正反対の位置にある分野と組むからこそ、その対比はインパクトがあり学びの多いものになります。その結果、誰もが驚くような、かつてない革新が生まれるのです。

工業と工芸の垣根を壊す レクサス「LS」

正反対の分野と組む逆転の発想で、大きなイノベーションを起こすことができた例がレクサスと細尾との協業でした。

「はじめに」でも述べたように、二〇二〇年に発売されたトヨタの高級車レクサス「LS」の内装に、西陣織が使用されたのです。このコラボレーションでは、工芸が入ることで工業製品がより進化し、かつてなく新しいラグジュアリーカーを生み出す起爆剤になりました。

西陣織の実車搭載は、今まで不可能だと言われてきました。

というのも車というのは、耐火性や湿度耐性のテストをはじめ、「ここまでやるか」と思うくらい様々な観点からテストを行なった上で作られている精密な工業製品だからです。

車に必要な機能性を持たせるためには、通常、西陣織の特徴である「シルク」を内装に使うことはできません。耐火性など様々なハードルがあり、だからこそみんな「不可能」だと考えるのです。

でも私たちは、自動車の素材メーカーと開発段階から協業し、素材から新しく開発し直すことで、結果的に西陣織の実車搭載を実現することができました。

実車搭載といっても、「西陣織らしさ」も残さなければ意味がありません。立体的な織りやきらめく金銀の箔がその「らしさ」の部

レクサス「LS」

分に当たります。

ただ、箔は薄い金銀ですから、火がつけば容易に発火してしまいます。だから箔の素材も、一から開発する必要がありました。箔メーカーとも協業して、徹底したテストを繰り返し耐火性のある箔を実現しました。

箔が自動車のような工業製品に織り込まれるのは、もちろん初めてのことです。その結果、箔を織り込んだ西陣織で、「月の道」に見立てた神秘的な世界を表現した、かつてないレクサスが生まれたのです。工芸の緻密な技術によって究極のラグジュアリーを実現できたと思っています。

面白かったのは、全く同じ製品を精密に大量につくるという工業製品の考え方が、西陣

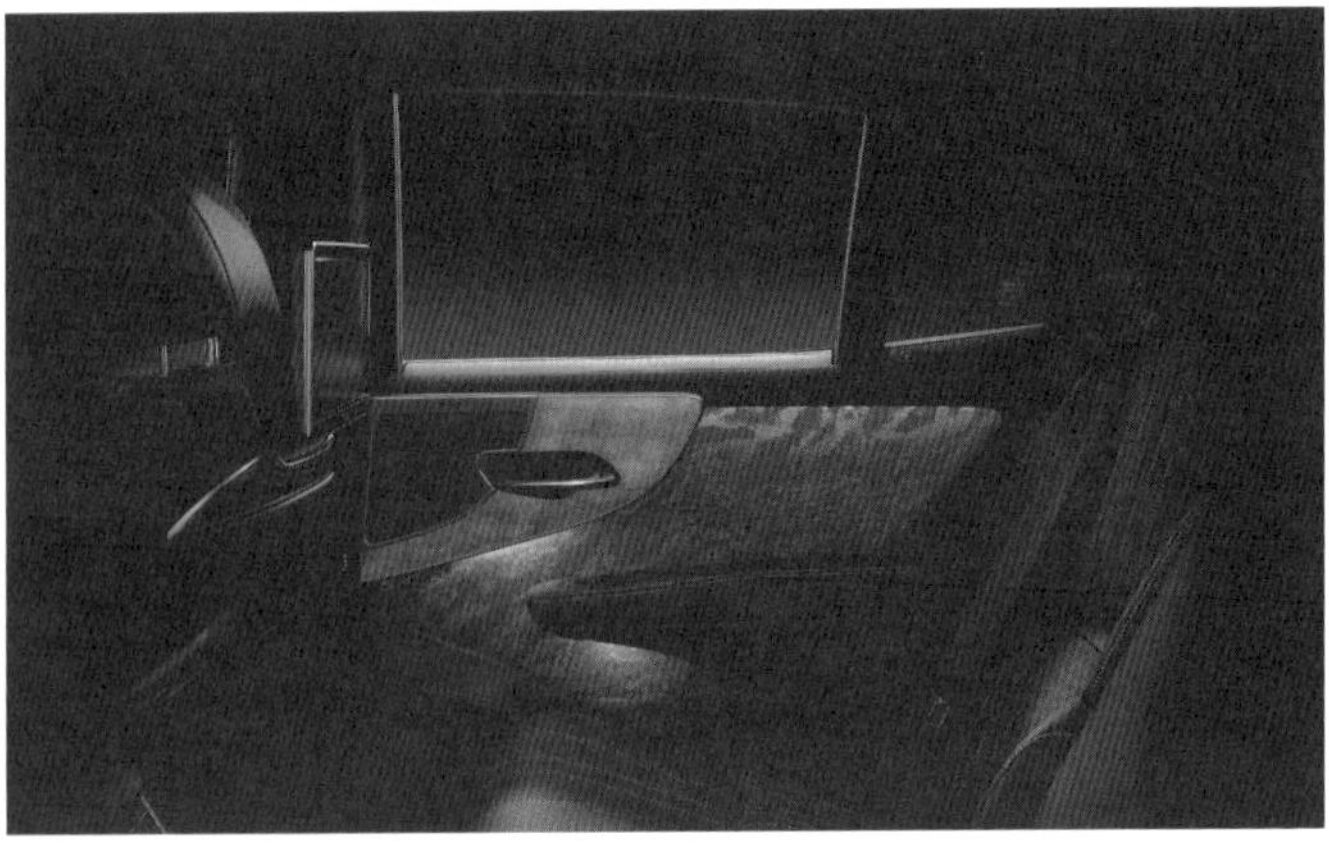

レクサスLSのドアリム（ドアの内張りパネル）に使用された西陣織

織という工芸が入ることによって、変容したことです。

レクサス「LS」の西陣織は、織り上げた一枚の織物をカットして貼り込むので、雰囲気はどれも一緒ですが、実際は一車一車微妙にパターンの出方が違います。

全てが寸分違わずまったく均一でなければいけないという工業製品のルールを超えて、美のために工芸の感性を取り入れたこと。これは両者の垣根を壊す挑戦であり、未来のためのチャレンジでもありました。

まさに、固定観念の破壊こそが革新をもたらした一例です。

常識をくつがえした「逆転の発想」

固定観念にとらわれず、「逆転の発想」をすることで大きな革新を生み出す。

これはファッションの世界でも、歴史上繰り返されてきた方法です。

たとえばシャネルがそうです。今や誰もが知るハイブランドであるシャネルですが、ブランドが出発した一九一〇年頃のヨーロッパは、きらびやかでコルセットで身体を締め付けるような女性服がよしとされていた時代でした。

そこへシャネルの創業者であるココ・シャネルは、黒い衣服や、ジャージなどの動きやすい素材を使った機能的かつおしゃれなデザインを打ち出しました。「働く女性」のための新しいスタイルを提示し、ファッションのメインストリームに対して違いを生み出したのです。まさに逆転の発想です。

ココ・シャネルは「厩舎《きゅうしゃ》の作業員のファッションで、競馬場の貴族のファッションを倒す」と言っていたほどでした。

同じく一九八〇年代に、パリコレでファッションの世界に衝撃を与えたのが、川久保玲《れい》氏が率いるブランド、コム・デ・ギャルソンです。

彼女のアプローチもまさに「逆転の発想」を体現しています。ギャルソンはよく「叛逆《はんぎゃく》的なスタイル」と言われるブランドですが、メインストリームに対して違う価値観を打ち出すスタイルが、これまで一貫しています。

特に話題となったのが、一九八二年秋冬コレクションと翌八三年の春夏コレクションでした。

それらのコレクションで発表された衣服には、虫喰い穴やかぎ裂き、ほつれなど、「ボロ」のように見えるデザインが施されていました。

従来、「美」の真反対だと思われがちなその意匠は「ボロルック」と呼ばれ、世界中で賛否両論を呼び、一大センセーションを巻き起こし、ファッション界に衝撃をもたらしました。これもまた、「逆転の発想」による固定観念の打破の成功例です。

どこの業界でも、どこの分野でも、メインストリームにあるものは、常識や慣習という妙な重力を持っています。

しかしその重力に従うのではなく、その重力に反発する違う力をぶつけることで、大きなインパクトを与えることができるのです。

「逆転の発想」は、メインストリームの力を反転させて自らの力とする方法です。この発想を、ビジネスにおいても戦略的に使っていくことが重要ではないでしょうか。ふつうは人がやらないことをやるからこそ、大きな違いを生み出すことができるのです。

iPhoneも「わび・さび」も、逆転の発想から生まれた

現在、世界で時価総額一位の企業となっているのが、アメリカのアップルです。そのアップルのCEOとしてかつて次々と革新的な製品を生み出したかのスティーブ・ジョブズも、「逆転の発想」の実践者でした。

iPhoneやiPadなど、ジョブズが生み出した革新は数多くあります。

その中に、現代のパソコンでは常識となっているGUI（Graphical User Interface）というものがあります。これは要するに、コンピュータを、マウスを使って画面上のポインタで動かせるようにしたことです。

何をそんな当たり前のことを、と思うかもしれません。しかし実は一九七〇年代まで、文字でコマンドを入力して操作するコンピュータしか、世の中には存在しなかったのです。

GUIの技術を密かに研究していたのは、ゼロックスのパロアルト研究所でした。その研究所を訪問した際にジョブズは、その技術が持つ可能性に気づきました。

「画面で視覚的に操作できるコンピュータ」の可能性を見てとったのです。

アップルが八三年に発売したコンピュータ「Lisa」は、GUIを備え、マウスで動く史上初のコンピュータでした。

視覚的に操作できるコンピュータがそれまでまったくなかったために、その革新がもたらしたコントラストは計り知れないもので、センセーションを巻き起こしました。

それから四〇年近くが経ち、ほぼすべてのパソコンがGUIで操作するものになっているのは、皆さんがご存じのとおりです。

「今までの常識になかったもの」が、四〇年の時を経て、誰も疑うことのないメインストリームとなっているのです。

日本史上でも、「逆転の発想」によって生まれた新しい潮流が、たびたび歴史を動かしてきました。

その象徴的な例が、いわゆる「わび・さび」の文化です。

室町時代から戦国時代にかけての社会は、秩序が乱れ、混乱が続いていました。当時の将軍や武将は、自らの力を誇示するため、貴族的で晴れやかな衣服を好んだといいます。

足利義満による金閣は、その貴族性や華麗さの象徴のような建築です。

しかしそれに対するカウンターカルチャーとして登場したのが、足利義政による銀閣でした。銀閣に象徴される東山文化は、絢爛豪華な北山文化とはまったく対照的で、幽玄で質実な世界を表していました。

その後、一六世紀には茶人の千利休が、質素で内面の美を追求する「茶道」を生み出しました。これもまた、絢爛豪華な世界に対する逆転の発想でした。

古い慣習や前例、固定観念が支配する世界においては、常に真逆の場所にビジネスチャンスがあります。時代のメインストリームを捉え、その真逆から発想してパンチを打っていくことで、大きな革新をもたらすことができます。

「紋付袴」には仕掛人がいた

もう一つ、日本の歴史には、「逆転の発想」が服装のコードを変えてしまった興味深い実例があります。

「紋付袴《もんつきはかま》」は、現在の日本の社会で男性の第一礼装とされています。実はそれには「仕掛人」がいたのです。安土桃山時代から江戸時代を生きた、公家の山科言緒《やましなときお》だと言われています。

当時、大坂夏の陣で江戸幕府軍（徳川）と豊臣とが激突し、江戸幕府軍が勝利しました。それまでの豊臣家の時代は、権力者は金など華やかな衣装を着ていました。それが権力者の服装のコードだったわけです。

しかし家康が政権を取り、山科言緒を呼びました。山科家は当時の衣装のスペシャリストでした。今風に言えばスタイリストです。

家康は山科言緒をスタイリストとして呼んで、「これからの時代に自分はどういう服を着るべきか」を尋ねました。そのとき言緒は、「黒」というキーワードを出したのです。

それはそれまでの秀吉の時代の、権力者がゴールドのきらびやかな衣装を着るという文化に対するアンチテーゼでした。権力者がこれから「黒」を着ることで、「家康の時代に変わった」ということを、世に知らしめる意味がありました。

それから家康は、大名を引見するときには黒を着るようになります。大名も「これからの服装のコードは黒なのだ」ということを理解してそれに倣っていったので、権力者のコードは黒へと変わりました。その流れが続き時代が下って三代将軍、家光の時代に、羽織に家紋を入れる習いが始まりました。

さらに江戸も時代が下って、服装のコードが緩くなって町民文化が栄えたときに、町民も紋付袴を着られるようになりました。

その名残で「紋付袴」が男性の第一礼装として、今も日本社会に存在しているわけです。でも元々のおこりは、それを仕掛けたプロデューサーがいたのです。秀吉の時代をひっくり返すために「逆転の発想」から考えたものだったのです。

いつの時代も、メインストリームが不動のものとして存在しているわけではなく、常に相対的な力関係の中で、何がメインになるかが決まってきます。

だからこそ「逆転の発想」を発揮して流れを変えられるかどうかが、勝敗を分けるカギとなるのです。

常識はすぐに変わる

実際に私たちが「不可能」と思っていることのほとんどは、その気になれば可能なことが多いのです。

技術が追いついていないなら、追いつくまで待てばいい。スキルが足りないなら、学べばいい。資金が足りない、人手が足りない……。それなら誰か強力な助っ人を探せばいい。方法はたくさんあるのに、私たちはそれを検証しようとしない。「不可能だ」という思い込みが、最初から刷り込まれてしまっているのです。

本当は「やってみたら可能だった」ということは、世にたくさんあります。

新型コロナが流行するまでは、「社員全員がリモートワークなんて、うまくいくはずがない」と考えていた人もいると思います。

ところが、一年間近くもリモートワークをするようになると、もはやそれが当然のことになってしまいます。

コロナ禍が落ち着いたとしても、引き続きリモートワークを活用する会社は多いような気がします。

そんなふうに、常識はすぐに変わってしまうのです。

常識がすぐに変わってしまうからこそ、常識外の「逆転の発想」で早めにチャレンジをすれば、それだけ早くチャンスをつかめる可能性があります。

私は小学生のときにサッカーをやっていました。

その頃は「日本人がワールドカップに出るとか、セリエAで活躍するなんて不可能だ」というのが常識だった時代です。日本人は身体が小さいし当たりが弱いから、当然海外では通用しない。みんながそう思っていました。

でも今の小学生は、本気でW杯とかセリエAを目指しています。

その間に何があったかというと、前例をくつがえした先人たちがいました。最初は九八年からセリエAで輝きを放った中田英寿選手であり、最近であればオランダ、ロシア、イタリアなどで活躍した本田圭佑選手、インテル・ミラノのサイドバックとして大きな実績を残した長友佑都選手などでしょう。

そうやって活躍する選手が出てくるなかで、「身体が小さくても、体幹を鍛えれば、海外の選手に全然負けないいんだ」と、常識が変化してきた。固定観念の壁が壊されたのだと思います。

常識破りのことなんて、いくらでも世の中には起こりうるのです。

自分の想像力を、固定観念の小さな枠にとどめてしまってはいけません。ぜひ、「逆転の発想」を活用して、それぞれの新しい可能性を切り開いていってください。

第3章

妄想が
イノベーションを
生む

未来の風呂敷　妄想を現実へとたぐり寄せる

本章では、創造と革新の二つ目のポイント、「妄想によるイノベーション」を掘り下げます。

ところで読者の皆さんは、本書をどのようにして手にされたでしょうか。Kindleなどの電子書籍で読まれている方や、アマゾンなどのオンライン書店に注文して、宅配便で受け取られた方も多いと思います。

オンラインストアで買い物をしては、届いた宅配便の段ボールを、何日かおきにつぶして処分している方も多いのではないでしょうか。

そうやって日々大量に消費されている段ボール。リサイクルされているとは言え、もちろんその分だけゴミが発生して、環境への負荷もかかります。未来の社会や環境のことを考えると、このままのやり方が続くのは良くはないでしょう。

それならば織物を革新して使い方を広げることで、段ボールの大量消費をなくすことはできないだろうか。

そんな妄想を抱いて、私が取り組んでいるプロジェクトをご紹介します。

第1章で「ホイポイカプセル」を引き合いに出して、織物で家をつくる妄想のお話をしました。

第1章で書いた通り、このプロジェクトのポイントは、織物に構造と機能を与えることでした。それが可能になれば、織物の家を実現することができるのです。

「ホイポイカプセル」の実現に向けて二〇一六年から、当時慶應義塾大学にいらしたインタラクティブ・メディア研究者の筧康明《かけひ》氏（現在、東京大学大学院 情報学環 准教授）とR＆D（研究開発）を始めました。

まずは、織物に構造を与えるところからアプローチをしました。

モンゴルの遊牧民のゲルでは、木材が構造を支えていましたが、その構造を織物に与えられるかの挑戦でした。ゲルの中で織物ではない部分が、その「骨」だからです。

その構造を織物に組み込むことで強度を担保して、次にソーラーパネルなど、織物の家が快適に暮らせるような機能のほうにアプローチしていこう。まずは構造だと思いました。

そうして筧氏と研究を行なうなかで、新しい素材に出会いました。スポーツタオルなどに使われる、濡れると柔らかくなり、乾燥すると硬化する素材です。「セーム革」といいます。

二〇一七年にセーム革を織物に織り込んで、「ホイポイカプセル」の第一弾に挑戦し、アート作品として展示しました。その時はまだ、濡れた素材が乾燥して固まるまでに、ドライヤーを当てても三〇分くらいはかかりました。

それ以外にも、織物にチューブを織り込んでポンプで空気を入れることで構造を立ち上げていくとか、いろいろなアプローチを試しました。

織物の家をつくろうという妄想から始まった研究でしたが、続けるなかで、私は徐々に別の妄想をも抱くようになりました。

織物に構造を与えることができれば、世界から配送用段ボールの大量消費をなくすことができるのではないかと。

今世界には段ボールが溢れています。アマゾンなどのネット通販でも、ほぼすべての商品が段ボールで送られてきます。でも一々つぶすのも面倒くさいし、包装も含めて大量のゴミが生まれてしまう。

でも、たとえばこんな織物が生まれたらどうでしょうか。硬くても、それを解除すれば布に戻って、またそれを硬化させて繰り返し使うことができる、風呂敷のような織物です。私は織物による「ホイポイカプセル」を、「未来の風呂敷」として、また別の形で構想し始めたのです。

これが実現すれば、今まで段ボールで発送していた商品を、段ボールの代わりに織物で包んで送ることができます。受け取った人はそれを解除して荷物を開いて、また使う。織物で社会のあり方そのものを変える、革新的なアイデアです。

夢は膨らみましたが、二〇一七年の時点では素材が硬化するまで三〇分かかりましたから、なかなかに実現は程遠い状態でした。

でも二〇二一年の今年行なったプロジェクトでは、筧氏と、織物の中に特殊なチューブを織り込み、その中にUV（紫外線）が当たると硬化する樹脂を注入する方法を開発することができました。こうしてできた織物はUVを当てると、三秒で硬くなります。

四年かかってはいますが、織物を硬化させるのにかかる時間が、三〇分から三秒に縮まったわけです。

ただ現時点の技術では、一度硬化させたものを解除することはできません。もしこれが解除できるようになれば本当に、未来の風呂敷が実現します。

物に合わせて形状を変えられるから、無駄がない。容積あたりのコストも減らせて、ゴミも出ない。なおかつ美しく物を包み届けることができて、ずっと使い続けることができる。

そんな未来の風呂敷を実現すべく、少しずつ歩みを進め、妄想を現実へとたぐり寄せています。

言葉にすれば、波紋は必ず広がっていく

とかく「妄想」は非現実的で、実現不可能なものだと思われがちです。

しかし実態は逆ではないでしょうか。「未来の風呂敷」がまさにそうですが、妄想を抱くからこそ、実現すべきビジョンが見えてきて、人はそれを可能にするために具体的に行

動することができる。

妄想を抱かなければ、革新へのエネルギーも生まれてこないように思うのです。

過去の時代を考えてみても、「鳥のように空を飛びたい」とか「馬よりも速く走りたい」というのだって、最初は単なる妄想だったと思います。

「そんなこと、できるわけないだろう」と、馬鹿にする人も多かったのではないでしょうか。

けれども、この妄想を、実現できる日がくると信じた人がいたからこそ、自動車が生まれ、飛行機が生まれ、文明は進歩してきたわけです。

伝統の世界に固執するのではなく、真逆のところにある最先端テクノロジーの分野にかかわったことで、私は「妄想」の大切さを実感しました。

「織物の家」や「未来の風呂敷」のように、ひとたび妄想を表明し、各分野の専門家の方々が興味を持ってくれれば、いままで私が知ることもなかった技術で、妄想は「アイデア」として形になっていきます。

これは、どんな分野でも同じではないでしょうか。池に石を投げ込んでみれば、必ず波紋は起きるのです。

かつて坂本龍馬が亀山社中（のちの海援隊）を結成したとき、言ったのは「世界を相手に商売をすることで世の中を一新する」ということでした。

歴史は確かにその通りになったのですが、二六〇年以上も徳川家の支配が続いた当時、彼の話は妄想にしか聞こえなかったでしょう。

それでも「そうなったら面白いな」と思った人々が彼に従い、結果的には武士の世の中をひっくり返してしまったわけです。

自分の軸と掛け合わせることで妄想に価値が生まれる

ここであらためて振り返ってみれば、私が数多くの妄想にチャレンジすることができているのは、細尾に「西陣織」という軸がしっかりあるからです。

たとえば西陣織の事業を飛び越え、「レストランを経営してみよう」とか「投資部門をつくろう」と妄想したところで、私はうまくいく気がしません。

けれども「織物」を軸にしたことであれば、どんな荒唐無稽なアイデアでも実現するのではないかと思っています。確たる軸を持っていれば、実現できることのレベルがまったく異なるのです。

前述したように、細尾の西陣織は新しい織機を開発したり、最先端のテクノロジーを取り入れたりすることで、これまで開拓できていなかった新しい海外マーケットに進出することができました。

妄想もこれに似ていて、自分の軸に沿って想像を逞《たくま》しくしてみれば、無限に夢を膨らませても、それを実現できる可能性は出てくるのではないでしょうか。

ビジネスパーソンである皆さんも、いましていること、したいことを掘り下げてみれば、その中に必ず大切にすべき確たる軸があるはずです。その上で真剣に妄想と向き合えば、そこから実現可能な計画が生まれるかもしれません。

妄想を広げる方法1「似た仕事」に目を向ける

では自分の軸に沿って妄想を広げるためには、どのようにすればいいのでしょうか。

「妄想がイノベーションを現実化する」といっても、そもそも妄想のヒントはどこから見つければいいのか。それが気になっている方もいるかもしれません。

私が思うに、革新につながる妄想を抱くためには、ある種の「揺らぎ」が必要です。自分の仕事の軸をしっかりと把握し、その上でその軸に揺らぎを与えることで、妄想はあるとき芽吹くのです。

自分の軸に揺さぶりをかける方法は、二つあります。

横軸方向に（同時代の中で）揺らす方法と、縦軸方向に（過去の歴史に照らして）揺らす方法です。妄想の火をおこすための二つの方法を、ここではご紹介したいと思います。

まず一つ目、自分の軸を横軸方向に揺らす方法です。これは、「いま自分がしている仕事と似た仕事を探してみる」というものです。

細尾が東京大学大学院情報学環の筧康明研究室やZOZOテクノロジーズと一緒に行なっている試みがあります。「環境と織物」をテーマに、織物に新しい機能を賦与することを試みるプロジェクトです。

一二〇〇年間営まれてきた、西陣織の究極の美の根底には、「多様な素材を織り込める」

という優れた技術があります。

西陣織は太さや色、素材や質感がそれぞれ異なる、いろいろな種類の糸によって織り上げられます。箔など、糸以外の素材さえも織り込むことができます。

その軸を自覚した上で、生体センサーや有機ELディスプレイなど、同時代の最先端テクノロジーに目を向けたところから、妄想のヒントが生まれました。

多様な素材を織り込むことに長けた西陣織の技術を用いて、最先端のマテリアルを織物に織り込む。それができれば、センサーで反応したり、自ら発光したりといった、かつてない織物が実現できるのではないか。

生体センサーや有機ELディスプレイなどを織り込むだけではなく、このプロジェクトでは、温度や湿度といった環境情報を織物の中に織り込むことにも取り組んでいます。身体に近い場所にある織物というメディアから、環境を考える試みでもあるのです。

「多様な素材を織り込む」という西陣織の軸を大切にしながら、同時代の最先端技術や新素材に目を向けることで、妄想が起動し始めたプロジェクトの一つをご紹介しました。

やはり「共通性のある仕事」には可能性が眠っているのです。

織機とコンピュータは似ている？

「似た仕事を探してみる」の事例でもう一つ紹介したいのが、細尾が数学者やプログラマーと組んで行なっている「QUASICRYSTAL—コードによる織物の探求」というR&Dです。このプロジェクトは、「織機とコンピュータは似ているのでは」という気づきから始まった企画です。

「はじめに」で述べたように、現在のコンピュータの発想は織機から来ています。織物のパターンを決めるのは、経糸と緯糸の関係です。それらがどう交差していくかで、仕上がりの状態が決まります。織物のパターンというのは完全に二進法でできているのです。

経糸の上げ下げを、0と1の二進法により、デジタル的に管理するジャカード織機の発想をヒントに、かつて科学者たちはコンピュータを生み出しました。

「織機とコンピュータ」が似ているならば、その関係を発展させ、数学的なプログラムを使って、九〇〇〇年におよぶ織物の歴史の中で、人類が誰も生み出したことがない織の組織をつくれないかを探ろうと思いました。

両者の思考回路が共通しているのだから、それらを組み合わせると、何か面白いことが起こるのではないか。それが妄想の出発点でした。

具体的には、平織《ひらおり》、綾織《あやおり》、朱子織《しゅすおり》という、織物の基本単位となる三原組織を、最先端のコンピュータ技術によって、まったく新しい構造の組織へと更新できないかということに挑戦して、それを実現しました。

その成果は二〇二〇年、HOSOO GALLERYでの、「QUASICRYSTAL ―コードによる織物の探求」という展覧会へと結実させました。

このプロジェクトもまた、細尾が軸としている「織物」と、似ているものに目を向けたところから始まったものでした。

このように、普段取り組んでいる仕事でも、より深く分析をしていけば、思わぬところに

プロジェクト
「QUASICRYSTAL ―コードによる織物の探求」

まだ見ぬ可能性があることに気づくはずです。

トヨタもエルメスも、「似た仕事」から成功をつかんだ

前述したように、日本が世界に誇る自動車メーカーのトヨタ自動車のルーツは、豊田佐吉氏が創業した豊田自動織機でした。この会社は当時最先端の蒸気テクノロジーを使い、紡績機など、日本の近代化を支える大量生産のための機械を次々と開発していきました。

ただ次第に、織物も紡績も、さらなる発展が期待できる産業ではなくなっていきます。それで「ウチの技術を使って、もっとすごい製品ができないだろうか」と考えて、たどり着いたのが、当時やっと日本でも製造されるようになった自動車だったのです。

道のりは簡単ではありませんでしたが、いまやトヨタは世界有数の自動車会社に成長しました。

最先端の織機や紡績機がつくれるのだから、自動車もつくれるはずだ……。その根拠は確実でありませんし、妄想といえば妄想です。

けれども「自分たちは日本のトップに位置する機械メーカーである」という軸は、しっかり持っていたわけです。だから未知の分野に挑戦する際のプロセスも、頭にきちんと描くことができたのでしょう。


さらにこれと似た例には、誰もが知るハイブランドのエルメスもあります。

もともとエルメス社は、一八三七年にパリで馬具工房として創業。当時貴族の乗り物であった馬車で使用する馬具をつくっていました。ナポレオン三世やロシア皇帝などを顧客として発展しました。「エルメスの馬具のレザーは質がいい」と話題になっていたそうです。

しかし、開業から六〇年あまり経った頃、世界の交通機関に革命が起こります。自動車が登場したのです。

エルメスは、自動車の登場を目の当たりにして、馬車の衰退をいち早く予見しました。そこで決断し、馬具をビジネスの中心にすることをやめ、バッグや財布など皮革製品の製造に方向転換したのです。

ビジネスの軸足を変えたエルメスはその後、「ケリー」や「バーキン」を筆頭に、数々の人気製品を生み出します。そして、「ブランドの中のブランド」と言われもする今日の成功は、皆さんがご存じのとおりです。

「馬具」をつくる仕事も、「バッグ」をつくる仕事も、使う素材は同じ「レザー」です。職人の圧倒的な技術力を使って革製品をつくれば、勝機があるのは明らかでしょう。自らの軸に即座に気づいて、似た分野へと妄想を膨らませたことが、エルメスの成功の所以だろうと思います。

ふだん取り組んでいる仕事でも、あれこれと妄想して分析していけば、思わぬところに可能性があることに気づきます。自らの仕事の軸を見抜き、それを少し横にずらすだけで、妄想の芽は生まれるのです。

好奇心を持って、様々な世界を眺め、そこに妄想を広げてみる。

そうすると共通する要素を活かしたビジネスのアイデアが見つかるのではないでしょうか。行き着くところにはすべて、自分が挑める可能性が眠っているのです。

妄想を広げる方法2　歴史をリサーチして種を探す

次に、自分の軸を縦軸方向に揺らす方法をご紹介します。

この方法は、具体的に言えば、「歴史をリサーチする」というものです。歴史からは自分の妄想を広げる「種」が見つかります。

歴史を知るということは、例えれば、過去に向かって弓の弦を大きく引くことです。過去にさかのぼって調べれば調べるほど、未来へ向かって大きく前進するための力が生まれるのです。業界や会社の歴史をたどってみることで、現状の問題を突破するヒントが見つかることは往々にしてあります。

細尾の会社が海外展開を一つのきっかけにしたのも、明治時代の西陣織の職人たちが、はるばるフランスにまで出向いて最新技術を学んだ姿勢を踏襲したものでした。

私たちが現在遭遇している困難の多くは、たいていは先人たちが同じようにぶつかり、考えて解決してきたものと共通していることが多いのです。

自分たちが築いてきた過去に大きなヒントがあるにもかかわらず、多くの人は流行りのビジネスのやり方や、最新の技術ばかりに目を奪われ過ぎているように思います。

どんな小さな会社にも歴史はあるし、業界全体を考えてみれば、どんな仕事の背景にも、現在にいたるまでに多くの人が奮闘し続けた、長い歴史があるはずです。

「いまやっている仕事って、そもそもどんな経緯で生まれたの？」と聞かれ、即座に明確に答えられる人は少ないのではないでしょうか。

いま皆さんが読んでいる「本」だって、その昔に人々が自ら読むことができなかった知識を、グーテンベルクのような印刷のパイオニアや、ルターのような宗教の改革者が、何とか皆に広げようと努力して開発し、普及させていったものです。

それによって教会のみが知識を独占する中世の世界がひっくり返され、大衆が文化をつくっていく時代に変わりました。

自らの仕事の軸を見抜き、それを過去にさかのぼれば、現状を打開する妄想の芽を見つけることができます。

まずは足下の歴史を振り返ることから、妄想の幅を広げてみてはいかがでしょうか。

大麻布を現代に蘇らせる

細尾が最近立ち上げたのが、「HOSOO STUDIES」というR＆D部門です。このR＆D部門の立ち上げの目的も、足下の歴史を振り返り、妄想の種を探すことでした。

その中のプロジェクトとして、美術家であり、近世の麻布の研究家でもある吉田真一郎氏と取り組んでいるのが、「麻布の研究」です。

吉田氏は近世の麻布を収集し、膨大なリサーチを続けるなかで、近年では麻の捉え方が画一的になっていることに気づきました。

藤布《ふじふ》とか、苧麻《ちょま》も亜麻《あま》も、すべて種類が違うのに、「麻」とくくられてしまっている。そこで吉田氏は糸の分析をし始めて、麻布を繊維の種類ごとに分類し、その過程で、大麻の糸でつくられた「大麻布《たいまふ》」に出合うことになります。

大麻は、現代の日本では法律で禁じられ、その作用についてのみが多く語られています。しかし、布としては、そもそも縄文時代から衣服の原料として使われてきた繊維です。日本では神聖視され、皇室行事でも使われるために栽培されています。

この大麻の繊維を手で撚って糸をつくります。その糸で織り上げた布を天日に晒すと、大気中のオゾンの力で漂白され、白く、柔らかく触り心地のいい布ができ上がります。

実は日本語の「白」という言葉も、昔は柔らかさと、色の白さという二つの意味があったそうです。このことは大麻布が、日に晒して柔らかく、白くなったことからきていると伝わっています。

大麻布は、木綿に優る柔軟性としなやかさを持っています。そのうえ保温性と通気性をも併せ持ち、速乾性や肌触りにも優れています。

かつての日本では貴族から庶民まで、礼服から肌着までのあらゆる用途に適応し、重宝されていました。

吉田氏は、麻布の研究の中で、この大麻布の布としての素晴らしさを知り、それを現代に蘇らせたいと考えました。まさにご自身の「妄想」を膨らませたのです。

ただ、大麻布の普及には壁がありました。大麻の繊維は短繊維（短い繊維）であるため、手で撚ることはできても、機械紡績をすることができません。

しかし、吉田氏は二〇一三年から四年の歳月をかけて研究開発に取り組み、ついに機械紡績を実現しました。そのことにより、今まで手仕事でしか実現できなかった大麻布が、その魅力はそのままに、多くの人に届けられるようになったのです。

現在、機械紡績によって実現した現代の大麻布は、「majotae《まよたえ》」というブランドとして商品化されています。

「麻布」という軸を大切にしながら、歴史を振り返るリサーチを続けるなかで、妄想の種が見つかった一例です。

江戸時代の蚕を復活させる

「HOSOO STUDIES」ではまた、古来の蚕を復活させるプロジェクトにも取り組んでいます。それが「絹糸の歴史と開発に基づく養蚕《ようさん》研究」です。

元々の始まりは、アーティストのスプツニ子!氏が西陣に来て突然、「細尾さん、バイオテクノロジーと西陣織が組み合わさったらカッコいいと思いません?」と誘ってくれたことでした。それを聞いて、「バイオテクノロジーと西陣」というのは、響きとして面白いなと思いました。

スプツニ子!氏からの提案は、以下のようなものでした。農業生物資源研究所(現・農研機構)という国立の研究開発機関があり、遺伝子組み換え技術を研究している。その技術を活用して、クラゲのDNAを蚕に組み込むことによって、クラゲのもつ蛍光タンパク質という、青の光を当てると緑に発光するタンパク質をもった蚕を生み出す。その蚕からとった糸を使って織物の作品を作り、アートとして、発表しませんか、というのです。

スプツニ子！氏は「もし細尾さん、興味があるんだったら、農業生物資源研究所に今から交渉してきます」と。まだ妄想レベルで連絡していないんだ、と驚きました（笑）。

興味があると話したら、「じゃあ明日会いに行ってきます」と。

最終的には、緑に光る蚕の糸を使って織物を作り、グッチのアートプロジェクトとして、展覧会の形で発表しました。その展示は好評で、その後、ロンドンのヴィクトリア＆アルバート博物館で巡回展が行なわれ、最終的にその作品は、同博物館のパーマネントコレクションとして収蔵されました（8ページ参照）。

そのプロジェクトで農研機構の研究者たちとやりとりをする中で、農研機構が保存の難しい蚕の品種を維持する取り組みをしていることを知りました。育てられている蚕は一〇〇〇種以上にも及び、これは世界一と言えるものです。

明治期の日本では、産業資材として絹織物の輸出が一気に活発化し、それに伴いどんどん生産の効率性が求められるようになりました。やがて生産効率のよい品種を効率のよい場所で育てる、ということが起こり、結果、生産コストの安い海外に技術が流出するようになり、国内における製造が縮小し、養蚕業が衰退していきました。

その過程で、本当は江戸時代までは多数の種が存在した蚕が、ほとんど絶滅寸前になってしまっているのです。

中には体が小さくて、糸をとる効率はよくないのですが、繊維としては最高品質の白く美しい絹をつくりだす品種もあります。

江戸時代の絹織物は、独特の艶があって美しく、手触りも極上です。それに使われている絹は、これら蚕の糸からつくられていました。

私たちはこの蚕を復活させ、かつての日本でつくられていた、最高の西陣織をよみがえらせたいと考えています。

これも織物の歴史を知るなかで、蚕に注目し、妄想の種が見つかった一例です。

HOSOO STUDIESプロジェクト一覧

現在、「HOSOO STUDIES」が取り組んでいるプロジェクトは合計一〇にのぼります。

以下にざっと紹介します。

【HOSOO STUDIESプロジェクト一覧】

1. THE STORY OF JAPANESE TEXTILES　日本全国の染織産地のフィールドワーク

私が四年の歳月をかけ、アートディレクター、フォトグラファーとともに、日本国内三三か所の染織産地を訪ね歩いた、ドキュメンテーション・プロジェクト。古くから伝わる布の技巧や美しさを、その土地や風土とともに独自の視点で記録。HOSOO GALLERYやオンラインでの展覧会を通じて発信し、日本各地の染織文化同士のつながりや接点を明らかにする。

2. CRAFTSMAN　至上の職人たちの身体知

歴史資料に基づく研究だけではなく、実践的な試行錯誤を重ねながら往古の染織の姿を追求する至高の技術者たちの身体知を収集するプロジェクト。人間国宝を含む、至上の職人がものづくりの中で持っている「暗黙知」をインタビューなどの手段でリサーチ。身体知の機械学習によって、職人技術を残すという可能性も探っている。

3．古代染色の研究
種々の天然植物を用いた染色、「草木染め」を主軸とした、日本古来の色の生成方法とそこに込められた観念についてのリサーチ・プロジェクト。「服用」という言葉があるように、元々は染織は「薬」であり、身体に良いことと美は一体のものであった。現在は丹波の工房で染料となる植物の試験栽培を始め、二〇二一年に西陣の工房の近くに「古代染色研究所」を設立。

4．麻布の研究
古代より日本人にとって最も身近な布であった麻布。美術家の吉田真一郎氏が収集した近世の大麻布を中心とした古布の展示公開を目指すアーカイブ・プロジェクト。触覚の研究者も交え、布の触覚による評価を試みるなど、多角的に迫る。

5．有職織物《ゆうそくおりもの》研究プロジェクト　布に記憶された文化的コードの研究
有職織物という、かつて公式の場で用いられた装束についての研究と復元を行なうプロ

ジェクト。京都で一〇〇〇年の歴史を持つ山科家が保管していた、光格天皇の皇后・新清《しんせい》和院《わいん》の装束の復元に取り組んでいる。復活させた古来品種の蚕、セヴェンヌ種の養蚕による糸、日本茜《ニホンアカネ》による古代染色など、多面的にアプローチ。山科家、紋の職人、織りの職人、染色の専門家の叡智を結集。

6. Ambient Weaving ―環境と織物

東京大学大学院情報学環 筧康明研究室、ＺＯＺＯテクノロジーズとともに「環境と織物」をキーワードとして、織物に新しい機能を付与することを試みるプロジェクト。異なる種類のマテリアルを織り込むことに長けた西陣織の技術を用いて、生体センサーや有機ＥＬディスプレイなど最先端テクノロジーを織り込んだり、温度や紫外線など環境情報により変化する織物の開発に取り組む。身体に近い場所にある織物というメディアから、環境を考える（9ページ参照）。

7. QUASICRYSTAL ―コードによる織物の探求

アーティスト／プログラマーの古舘健氏とともに、コンピュータ・プログラムを用い、織物の根源的な構成要素である「織組織」を研究開発するプロジェクト。平織、綾織、朱子織という、織物の基本単位となる三原組織を、コンピュータによる演算を取り入れることで新しい形へと更新できないかに挑戦。二〇二〇年には展覧会「QUASICRYSTAL——コードによる織物の探求」に結実。

8. 養蚕研究プロジェクト　絹糸の歴史と開発
一八世紀フランス王朝貴族の衣服に用いられた最高品質の絹糸を生産する蚕品種セヴェンヌ。その絹糸の復刻とそれを用いた新たな織物の開発を目指すプロジェクト。農研機構が保存していた一〇〇〇種以上の蚕の中から、最高に美しい糸をつくるセヴェンヌ種を見出したことからスタート。明治期に工業化する以前の美しい蚕の復活に取り組む。

9. 図案研究　細尾が所蔵する織物図案のデジタル・アーカイブ　AIを応用した発展
二万点を超える細尾所蔵の帯の手書き図案を高解像度スキャンによってデジタル・アーカイブ化し、次世代へつなぐ、京都芸術大学との共同プロジェクト。学生が主体となって、その図案のアーカイブと活用を探る。今後、アーカイブとAIを活用した新たな図案開発にも取り組む。

10．キメラ・プロジェクト　遺伝的アルゴリズムを用いたHOSOOテキスタイルコレクションのラーニングと生成

コレクションすべての織組織、素材、色を分析し、AIの技術を用いて織物構造から「HOSOOらしさ」を抽出し、新たな意匠を研究開発するプロジェクト。職人の「経験知」「暗黙知」をソフトウェア化することにも取り組み、テクノロジーを活用して、若手職人の育成強化と新しい織物づくりの可能性を探る。

これらのすべての取り組みが、歴史を知り、現在の常識を相対化することで新たな妄想の種を見つけて育て、イノベーションを生み出すための「ネタ探し」の意味を持っていきます。

妄想を現実化する仕組みをつくる

細尾本社の二階にあり、きものや染織文化の情報発信の拠点として手がけているのがHOSOO GALLERYです。

私がディレクターで、井高久美子氏がキュレーター、原瑠璃彦氏がリサーチャー。この三人が主要メンバーです。

そこにプロジェクトごとに様々なスペシャリストたちがコラボレーターとして入ってきて、染織に関わる研究開発を行なっています。

少し前に言及したプロジェクト「QUASICRYSTAL―コードによる織物の探究」の成果を、二〇二〇年HOSOO GALLERYの展示として実現しました。

三人のプログラマーと一人の数学者によって研究開発をすることによって、最先端のコンピューテーション（計算）を使って、これまで人類が生み出せなかった織物を実現しました。西陣織のDNAを残しつつ、今まで誰も生み出せなかった組織の織物をつくりました。

二〇一七年から三年間継続して行なってきた研究開発の成果を、展覧会という形で披露したのです。

HOSOO STUDIESは、いわゆるR&D部門です。

実は、その研究開発を実践するためのもう一つの仕組みが、HOSOO GALLERYなのです。なぜギャラリーに専属のキュレーターがいるのかというと、HOSOO STUDIESの研究開発の成果を、一つの展覧会として社会に向けてアウトプットするためです。

どうしてもR&Dは終わりなく続けてしまいがちです。だからこそ三年なら三年と期間を決めて、三年後に目標を置いてやっていく。

だから展覧会は、一つのマイルストーンです。展覧会としての文脈も考えなければいけませんし、展示は美しくないといけません。かなりハードルが高いと言えます。

よくみんな、展覧会の半年前になると、「あと一年あったらよかったのに」と言います。でももう一年あったとしても、同じことを言っているのだと思います（笑）。

展覧会を目標として追い込みをかけて、HOSOO GALLERYというパブリックな場所で、研究成果がいろいろな人の目に触れる。そういう関係性の中で、フィードバックやりアクションが起きてきます。そしてそれをまたR＆Dへと戻してゆく。そこからまた新たなプロジェクトが派生していく。

HOSOO STUDIES と HOSOO GALLERY は、そういう有機的な循環を生むための仕組みなのです。

そしてそれは、自社だけにメリットがあるものではありません。

コラボレーターの企業にとっても、自社だけでは開発できないアイデアを試したり、リソースに触れたりすることができるのです。

リサーチ部門があることで、何か開発のアイデアを思いついたときに、コラボレーションできる各分野の専門家の橋渡しをすることもできます。

HOSOO STUDIES と HOSOO GALLERY の循環は、自社にも他社にも、スケールの大きなイノベーションをもたらすための仕組みなのです。

スケールの大きな妄想ほど実現する

逆説的に聞こえるかもしれませんが、妄想のスケールが大きければ大きいほど、他者の共感を呼び、協力者を集めることができます。

大風呂敷を広げれば広げるほど、自然と人は集まってくるのです。だから風呂敷は大きく、広くないといけないのです。

風呂敷が広ければ、皆が未来のビジョンに憧れ、予算や技術など各自のリソースを投入して、それを実現するための労をとろうとするのです。

たとえば、スペインのバルセロナにある有名なカトリック教会堂建築に、サグラダ・ファミリアがあります。建築家のアントニオ・ガウディの設計によるものです。「聖書の内容を表現した」と言われる、きわめて壮大な建築です。

一八八二年に着工され、その翌年にガウディが設計施工を引き継ぎましたが、生前のガウディがつくることができたのは、地下の祭室とファサードなど、全体の四分の一にも満たない部分でした。当初は完成まで三〇〇年かかると言われていました。もちろんガウディは完成を見ることとなく、この世を去っています。

現在、ガウディのビジョンは九代目の設計責任者ジョルディ・ファウリへと引き継がれ、建設が進められています。

技術革新が進んだことと観光客の増加で予算が集まったことから、新型コロナウイルスによる工事中断がなければ、二〇二六年にも完成すると言われていました。

別の例では、作曲家のジョン・ケージが作曲したオルガン曲に、「オルガン2／ASLSP」というものがあります。「ASLSP」は、「As Slow as Possible」、つまり「可能な限り遅く」を意味しています。

ドイツのハルバーシュタットにある廃教会では二〇〇一年から、この曲の演奏が始まりました。その演奏に要する時間は、六三九年という、途方もないものです。演奏が終わるのは、西暦二六四〇年が予定されています。

二〇二〇年には、「七年ぶりに和音が変わった」とニュースになりました。

サグラダ・ファミリアと「オルガン2／ASLSP」。どちらも途方もないスケールの作品ですが、どうして多くの人がその実現に協力しようと労をとるのでしょうか。

その理由はまさに、その妄想のスケールの大きさ、途方もなさにあるのではないでしょうか。スケールの大きなビジョンに皆が魅了され、つい行動してしまうのだと思います。半端な妄想であれば、そうはいかないでしょう。その意味で「大風呂敷」は、とても大事なのです。

実現には「四年間」の期間をかける忍耐力が必要

本章では、どんな荒唐無稽な妄想からでも、手順を踏めば、夢のようなことが実現できるという話をしてきました。

とはいえ、どんなアイデアでも妄想を逞しくすれば必ず実現できるということではありません。とくに革新的で、これまで前例のなかったようなアイデアだと、実現には相当の苦労も覚悟する必要が出てきます。

これはあくまで私の感覚ですが、「どんなチャレンジにも、実現には四年間はかかる」と最初から腹づもりをするべきだと考えています。四年間はつまり、忍耐の時期です。

四年というスパンは、実際にあらゆるプロジェクトが実るのに、だいたい要する期間です。

ある時私は、いかにも妄想ですが、「高層ビルの外壁がすべて西陣織で覆われていたらカッコいいな」と考えました。そこで西陣織の外壁素材を開発できないか、研究開発に取り組むことにしたのです。

今まで、織物をガラスで挟み込んで、内装材として使用することはありました。しかしそういう構造をとると、西陣織特有の立体構造は潰れてしまって、柄をプリントした素材と変わらない見え方になってしまいます。見る角度によって色が変わったり、光がうごめいたりという、西陣織特有の魅力が失われてしまうのです。

またガラスに挟んで使うために接着剤を使用するので、端部から水が入ってしまうと剥離してしまい、耐水性がありませんでした。そのため使われる用途も限定されていたのです。

何とかこのハードルをクリアしたいと思いました。

耐水性能、それに加えて耐火性能を持たせ、なおかつ西陣織の立体構造が残る外壁素材の実現。それが目標でした。

そうして動いているときに、ある方の紹介で、オーダーメイドのバスタブのメーカーの方と知り合う機会がありました。バスタブはどういうつくり方をしているかというと、型をつくって、グラスファイバーシートを敷いて、ゆっくり樹脂を流し込んで硬化させます。その技術を使えば、耐水性のある西陣織の外壁素材をつくれるかもしれない。そう思った私は、西陣織の立体構造を生かした、耐水性のある「バスタブ」をつくるところから始めました。バスタブメーカーと協業し、型を作って、グラスファイバーを敷き、そこに西陣織を敷いて、専用に作った樹脂を流し込みました。そうして西陣織のバスタブが出来上がりました。

しかしそれを外壁に使用できるようにするには、耐火性能も持たせる必要があり、そこにもハードルがありました。時間をかけた研究開発の末、西陣織のＦＲＰに高透過ガラスを圧着することで、耐火性能を持たせることに成功しました。

そうした試行錯誤の末に出来上がったのが、外壁に使える新素材「NISHIJIN Reflected」

です（13ページ参照）。これも世界初の試みでした。振り返っても開発は簡単ではなく、まさに四年の歳月を費やしました。

オリンピックや、サッカーのワールドカップが四年に一度のペースで開催されているのも、何か象徴的に思えます。

オリンピックを例に取れば、古い世代のベテランと台頭する新世代のぶつかり合いが、毎回白熱しています。「四年後」を目標として見据え、身体と技術を鍛錬するアスリートたちは多いことでしょう。

ビジネスで事を成すにも、「四年間」が一つの区切りになるのではないでしょうか。

失敗は実現までのプロセスととらえる

「妄想がイノベーションを現実化する」といっても、簡単に実現できる妄想など何もありません。辛抱の時期は、どんなチャレンジにもつきまとうわけです。

でも逆にいえば、四年間も試行錯誤を続ければ、何らかの成果は誰でも勝ち取れるのです。それは必ずしも望んだとおりの形ではないかもしれませんが、確実に自分を次のステージへ進めてくれる踏み台になるでしょう。

それなのに多くの人は、その前に「ムリだ」と思い、諦めてしまうのです。新規参入や、新規プロジェクト、あるいはスキルの習得や転職、ダイエットやゴルフの上達といった個人的なことでも同じなのかもしれません。

チャレンジをすれば、四年間はやはり失敗を繰り返します。

私もそうでした。そもそもたくさんの仕事に失敗してから家業に戻っていますし、立ち上げたプロジェクトだって、失敗をしながらようやく、今の段階にまできているのです。あるいは、まだまだビジネスとして形になっているとはとても言えず、公表はしているものの、試行錯誤を繰り返している取り組みもたくさんあります。

第1章で述べた「織物の家」もそうですが、妄想としてはロマンがあっても、現段階で「成功している」とはとても言い難いわけです。

けれどもそれは失敗ではなく、あくまで成功までの「過程」なのだと私は捉えています。

発明王のエジソンが電球を商品化するまでに、実験した失敗の数は一万とも二万とも言われますが、それらはすべて失敗ではなく、「うまくいかない方法を何度も試しただけだ」

と答えています。

それと同じで、長いチャレンジからしてみれば、どんな失敗も先へ進むための「学びの体験」なのです。だから失敗にいちいちクヨクヨせず、忍耐を楽しむことが大切なのだと思います。

その点で私が「夢」や「目標」という言い方をせず、あえて「妄想」という言い方をしているのは、そのほうがずっと楽しいからです。

「何としてもやり遂げなきゃ」という悲壮感を持たず、純粋に「できたらさぞ、面白いだろうな」というワクワク感だけで問題に挑んでいくことができます。

そんな姿勢で、皆が楽しく世の中を変えていけたら素晴らしいのではないでしょうか。

第4章

美意識は育つ

美意識を磨き合う、西陣の仕組み

創造と革新を生む三つ目の視点が「美意識の育成」でした。本章では、これについて詳しく解説します。

本章の前半では、美意識を持った経営はどのようにあるべきか、なぜいま企業が美意識を高めていくことが重要なのかについて、具体例に基づいてお話しします。

そして後半では、企業全体としてではなく個人一人ひとりの場合、どのような方法で美意識を育てていけばよいのか、「美意識の育て方」をご説明します。

企業にとっても、美意識のレベルを上げていくことは、とても大切なことです。

第1章で、明治期にジャカード織機を命懸けで持ち帰った職人たちのエピソードを例に、西陣織が一二〇〇年の長きにわたって究極の美を追い求めてきたことに触れました。西陣織は究極の美を追求する過程で、各時代、各時代に直面した数々の危機を、革新によって乗り越え、伝統を受け継いできたのです。

西陣織のDNAは「美」と「協業」と「革新」です。

常に「美」を上位概念として掲げ、その実現のために、圧倒的にプロフェッショナルな職人たちの「協業」によって、「革新」を起こし続けてきたのです。

とはいえ職人たちは、一人ひとりが個々ばらばらに美意識を磨いてきたわけではありません。互いに美意識を磨き合う仕組みが、西陣織のエコシステムの内部には存在していました。

西陣織は、二〇以上の工程から構成されます（4〜5ページ参照）。それぞれの工程を担当する職人は、「自分さえ良ければいい」という姿勢では仕事をしていません。次の工程を担当する職人が仕事をしやすいように、あるいは次の職人に「こんな仕事をしやがって」と思われないように、常にプライドを持って最高の仕事をしようとしてきたのです。

それは、お互いの技能に対して尊敬の念を持ちながら、互いに負けないように切磋琢磨する仕組みです。

その仕組みは現代のカルチャーの例で言えば、ヒップホップの「MCバトル」に近いかもしれません。お互いにスキルを見せ合って、プライドと美意識の闘いを繰り返すことによって、美意識のレベルを上げていく。

実際、江戸時代の西陣の職人は、「石のテクスチャーを、どちらの職人が織物でより表現できるか」といったようなバトルを行なっていたそうです。

誰かからオーダーを受けてそれをやっていたわけではありません。自分たちの美意識を磨くために、楽しみながらトレーニングを行なっていたのです。

資本主義的な利益を想定せずに行なっていたからこそ、美意識の追求が可能だったのだと思います。「仕事」ばかりで遊びがなくなると、美意識は決して上がらないと言えるでしょう。

「やらなくて良いことを、やりたいからやる」という遊びの部分が、常に職人たちの美意識を向上させてきたのです。

究極の美は、そのようにして紡《つむ》がれてきました。

西陣織のように、それぞれの独立した技能を持つ人たちがプロジェクトごとに協業していく働き方は、現代にもフィットします。

こだわりゆえに、レコードがお蔵入りに

「今まで誰も見たことがない、最高のものをつくりたい」。西陣の職人にしてもヒップホップのラッパーにしても、そのような強い美意識を持っています。

第1章で、私が以前ミュージシャンとして活動していたことをお話ししました。その経験から、「最高のものをつくりたい」というクリエーターの感覚は、私自身もよくわかります。

私がEUTROというユニットで、東京のPROGRESSIVE FOrMという音楽レーベルから初のレコードをリリースすることが決まったときのことです。マスタリングは、素晴らしい手腕を持つオノ セイゲン氏のSaidera Masteringにお願いし、カナダでレコードをプレスしました。

当時は渋谷の宇田川町に「シスコ」というレコード屋さんがあり、その一帯がクラブカルチャーの発信地でした。

そのシスコでレーベルのマネージャーと、EUTROを一緒にやっていた近藤くんと、「実

際どう聴こえるか聴いてみよう」と、発売直前にそのレコードをかけて聴いてみたのです。

全部で二〇分くらいの曲でした。ところがその中に一か所だけ、「プツッ」と音が割れた瞬間があったのです。プレスのときの問題だったのか、マスタリングの時は気づきませんでした。

私はそれがどうしても許せませんでした。今から思えば驚くべきことですが、それが理由で、そのレコード自体を「出さない」という判断をしたのです。

ある意味ではたくさんの人の努力を水の泡にしてしまう決断でしたが、それをレーベルの人たちは理解してくれました。レーベルの主宰の一人であるDJ KENSEIさんは、「それは細尾くんの美意識だから、そう思うのだったら、出すべきじゃない」と声をかけてくれました。

結果として、カナダでプレスした二〇〇〇枚のレコードはお蔵入りになり、世に出ることはありませんでした。でも、後悔は全くありません。自分にとっての美意識にそぐわないものが世に出れば一生後悔することは間違いありませんから。

More than Textile

自分の美意識にこだわり抜くこの姿勢を、私は現在も細尾で実践しています。

細尾のものづくりのモットーは「More than Textile」。

美を上位概念に置いて、織物の限界に挑戦し続け、未来の「定番」となる織物をつくり続けていくことです。過去にない織物へとアプローチし、これまでとはさらに違う角度で美を求めていくのです。

最高に美しい織物をつくってきた今までよりも、またさらにハードルを上げて、美の基準を超えていくのです。

そのため、細尾はビジネス上新作の織物が必要だからといって、新作を無理やり発表することはしません。新作をつくる際に、前年までと似ていると感じるパターンは発表しないことにしています。パターンを無理やり焼き直しして新作を出すのであれば、その年は新作なしにしたほうがいいと思っています。

とはいえこれは「言うは易し」の問題です。

新作を出さなければ、売上の課題やブランドとしての歩み、職人のモチベーションの問題など、経営者としては苦渋の決断を迫られます。

しかし経営上の苦難を抱えたとしても、美意識に関して嘘をつくと、やはり美意識の高い人には見透かされてしまいます。

そこからほころびが出るのは、経営上の苦難を抱えるよりもはるかに怖いことです。

お金はあとで取り戻せても、美意識への信用を失えば、それは回復するのが非常に難しいのです。細尾というブランドやお客様からの信頼を毀損することになってしまいます。

新作を出せなかった二年間

実は、二〇一六年と二〇一七年の二年間、細尾は新作のコレクションをほぼ出すことができませんでした。

それまで私たちは、西陣織の特徴である箔を使った織物を毎年考えてきました。和紙や本銀を織り込んだ、立体的な構造の織物です。実際海外では、そういう織物が受け入れられていました。

だからこそ西陣織の特徴である構造や立体感を追求してコレクションを発表してきたのですが、二〇一六年の段階で、それがある意味行き詰まってしまったのです。どんなパターンを考えても、今までのパターンの焼き直しに感じてしまう。

結果として二〇一六年のコレクションは、今までのパターンのバリエーションとして、少数の色違いの織物を発表するにとどまりました。

そして二〇一七年には、とうとう新作のコレクションを発表することができませんでした。

このままではいけない。何とかしなければ。

そんな想いもあって、思い切って視点を変えることにしました。

二〇一八年、オランダのデザイナー、メイ・エンゲルギール氏との取り組みを始めました。エンゲルギール氏は色を扱うことが得意で、色彩的なデザインが世界で評価されている方です。エンゲルギール氏の協力を得て、これまでにないコレクションを開発することに着手しました。

二〇一九年には、彼女に二カ月間日本に滞在してもらって、そのうち一カ月間は京都に家を借りて、細尾の職人とセッションを行ないました。

構造や立体感に重きを置いていたそれまでのコレクションとは打って変わって、今度は色をテーマにしたコレクションを考えることにしたのです。

それが次なる「More than Textile」につながるように思えました。エンゲルギール氏に五〇種類ほど、カラーパレットのように先染めの糸の色の構成を決めてもらいました。ヨーロッパのカラースキームを基に色を考えると、我々がこれまで持っていた日本の配色とは違って、その五〇色をどう組み合わせても調和する構成をつくることができました。

そしてその色構成の糸を使って、三一種類の織物のコレクションをつくりました。色と色が共鳴しあって、今までになかった新しい組み合わせのコレクションが生まれました。エンゲルギール氏による新しいコレクションは、二〇一九年の年末には、HOSOO GALLERYでの展覧会「COLORTAGE」へと結実しました（10〜11ページ参照）。さらに細尾の本社ラウンジでは、椅子の一脚一脚に違う生地が張られています。これもエンゲルギール氏のカラースキームを基につくった生地です。

細尾が現代アーティストとのコラボレーションを行なうのも、自分たちの枠を広げるという目的があります。

第2章でアーティストのテレジータ・フェルナンデス氏とのコラボレーションについて触れました。「ものの二面性」というフェルナンデス氏のコンセプトが、半透過の新しい織物へとつながったのです。自分たちの固定観念の外側の視点を実験し、いろいろな角度でセッションを行なっていくのです。

「More than Textile」。美意識にこだわり常に挑戦を続けることこそ、細尾のものづくりの姿勢です。

ブランド価値を下げないため、苦渋の決断をすることも

美意識を妥協してはいけない。二〇一八年までドン・ペリニヨンの醸造最高責任者だったリシャール・ジェフロワ氏とお話ししたときも、そのことを述べられていました。

ご存じのようにドン・ペリニヨンは、世界最高峰のシャンパーニュを生産しています。しかしその原料は自然の産物であるブドウです。当然、気候の差によって品質が良くない年と、良い年が出てくるわけです。

それでもドン・ペリニヨンは永年かけて蓄積した技術を持っていますから、ブドウの出来が良くない年でも最善を尽くして、良いシャンパーニュに仕上げます。

ただ、それでも難しい年はあるそうです。するとその品質のシャンパーニュを、市場に出すかどうかの決断を迫られます。

出さなければ、一年分の売上を失うことになります。

しかしドン・ペリニヨンというブランドの価値を下げないために、リシャール氏は苦渋の決断をする年もあります。

そうやって美意識に忠実だからこそ、ドン・ペリニヨンは厳しい時代を乗り越え、長くブランドを継続することができるのでしょう。

新しい時代の組織論

先ほど、西陣織における職人たちの協業の仕組みについて書きました。

昨今、日本企業でも、「ジョブ型雇用」の導入が進んでいます。皆さんご存じのように、これは職務《ジョブ》の内容に基づいて必要な経験・スキルを持つ人材を雇用する仕組みです。

従来の「メンバーシップ型」雇用と対比される雇用形態です。仕事内容が変化しないので、専門的な人材が長期で働くことができ、サスティナブルな形態として注目されています。

「ジョブ型」と聞くと新しい雇用形態のようですが、実は西陣織の職人たちの「ギルド構造」は、この「ジョブ型」にきわめて近い働き方です。

かつては公家である山科家など、衣装のコーディネーターが天皇家や将軍家から仕事を受けると、西陣の職人たちのギルドへと仕事が持ち込まれました。

職人たちはどこかの組織に「メンバーシップ型」で所属することなく、仕事ごとに自治組織として、対等な関係で仕事を受けていたのです。

プライドとリスペクトが「セッション」を可能にする

西陣織のギルドがまさにそうなのですが、他者との協業においては、個々の職人のプライドと、お互いへのリスペクトが大事です。それがあって初めて、他者とのコラボレーションは対等なものになります。

現代において、苦境にある伝統工芸を売り出そうと、有名デザイナーとのコラボレーションを行なう際に失敗することがありますが、その原因は、ここにあります。

伝統工芸のプレーヤーたちは、「売れない」という苦しい状況に直面しているがゆえに、「先生お願いします!」と、自らの仕事の価値を低く見積もって、コラボレーションを頼んでしまうのです。そこには自らのプライドも、相手へのリスペクトも存在しません。

細尾が他者とコラボレーションをするときに、決めていることがあります。それは「一サプライヤーとしては、仕事をしない」ということです。細尾にとっては、単に取引先を開拓することではなく、「対等なコラボレーションができるか」が重要なのです。それは細尾の職人、ひいては、西陣の職人の価値を守れるかという闘いでもあります。

生地屋は往々にして、ブランドやメーカー、デザイナーへの「サプライヤー」として弱い立場になってしまいます。しかしそうなってしまうと、「言われた通りやってくれ」とか「値段はもっと安くしてよ」とか、相手はリスペクトのない振る舞いをしてきます。

そうではなくて、対等にコラボレーションを行なうからこそ、自分たちも相手も想像すらしなかったような革新を起こすことができるのです。

これは音楽で言えば「セッション」です。お互いにリスペクトしながら協働するからこそ、一人では生み出せない音が、相乗効果から生まれるのです。「セッション」になるかどうか。これはビジネスにおいても大切な視点です。お互いの美意識が共鳴し合わなければ、セッションにはなりません。

その意味では、いくら報酬が高くても、自分たちの美意識に合わないことはやらないという判断が大事です。相手がいかに大企業であっても、有名デザイナーであっても、自分たちにリスペクトを持ってくれない仕事はやらない。それが細尾の一つのルールです。

第2章で、レクサスへの西陣織の実車搭載のエピソードに触れました。

このレクサスとのコラボレーションでも、その姿勢を貫きました。

通常、車の内装に使われる生地は、メートルあたり数百円程度です。しかし西陣織で作るとなると、その金額では一部の素材を調達することすらできません。もしかすると、宣伝効果のために多少の損を出してでも、と考える人もいるのかもしれません。しかし、私は価格面での譲歩をするつもりはまったくありませんでした。

私が大事にしたかったのは、自分たちが持っている歴史やクラフツマンシップ（職人の技能）です。

特に西陣織の実車搭載は初めてですから、今回の価格が、これから他の織屋などが同じようなことをする際のベースの価値になります。その意味で、他者への責任もあり、重要でした。

高い価格を求めるわけですから、当然、満足していただけるような圧倒的な美を提供する必要がありました。結果的に、先方が私たちの希望価格を受け入れてくれたのは、細尾を対等な相手としてリスペクトしてくれたからだと思います。

西陣が独立した職人たちによる自治組織であったのも、他者の一方的なサプライヤーとならずに、自分たちの美意識を守るためでもあったのだと思います。

美しい環境は人を変える

細尾は二〇一九年に、約一年をかけて、五五年前に建てた本社社屋を全面的にリニューアルしました。

それが美意識を醸成する建築、「HOSOO FLAGSHIP STORE」です（12ページ参照）。HOSOO FLAGSHIP STOREの建築も、西陣織の協業の精神を、建築の分野へと応用したものです。

一つの建設会社にまるごと施工を委託するのではなく、左官や鍛冶、大工、箔貼りといった個々の専門技術を持った様々な職人たちを独自に結びつけることで、独創的な建築が生まれました。

二〇以上もの工程それぞれのスペシャリストである職人たちの協業から革新を起こしてきた西陣織のDNAを、建築設計に取り入れたつくり方でした。

効率のためではなく、究極の美を追求した建築でした。

こういった投資をする経営者はあまり多くないのではないでしょうか。HOSOO FLAGSHIP STOREも、銀行からは「ゼネコンに一括で頼めば三分の二ほどの金額でできるのに、なぜそんなに予算をかけるのか」と言われました。

でも細尾としては、先程のドン・ペリニヨンの例ではありませんが、そこで美を妥協してはいけないのです。

建てたときはピカピカなのにときが経つにつれ劣化するのではなく、「経年美化」する建築を実現するには、本物の素材を使う必要がありました。

さらに様々な職人の多様な工芸技術を、リスペクトの念を込めて建築に取り入れることで、「多様な要素が調和している状態が美しい」という西陣の美意識を表現することもできます。これは一二〇〇年続いてきた、究極の美の追求の答えです。

そういった意味でも、「本物」を極めなければいけなかったのです。

本社社屋の美へのこだわりは、建築だけで

オフィスのエントランスに活けた花

はありません。

HOSOO FLAGSHIP STOREでは、オフィスのエントランスに花を活けています。植栽の専門家に毎週来てもらって、活け替えているのです。季節感を感じられるようにするために、毎週違う花になっています。

エントランスは通りすぎる場所ではありますが、きものを扱う私たちにとって、季節感は重要です。花が季節感を感じ、感性を養うことにつながるのならば、そこには明確な意味があるのです。

もう一つこだわっているのは香りです。オーストラリアのアロマメーカーに調合してもらった香りを、店舗全体に香らせています。

また音の面でも、店舗はもちろん、きもののショールームやオフィスのエントランスにも、それぞれに合わせた環境音を流しています。ミュージシャンに依頼してつくってもらった音を使っています。

工房の職人が着るユニフォームにもこだわっています。パリコレにも出ているデザイナー、三原康裕氏に特注で白衣のユニフォームをデザインしてもらいました。「職人がスーパースターになるように」との願いを込めて、靴はアディダスの「スーパースター」というスニーカーを選んでいます。

花、香り、音、職人のユニフォーム。どれもふつうの企業であればそこまで投資されるものではないかもしれません。けれども次節で詳しく説明しますが、美へ投資することで、実は大きなリターンを得ることができているのです。

美への投資がもたらすリターン

美へ投資することによって、具体的にどのような効果があるでしょうか。

HOSOO FLAGSHIP STOREであれば、建築を通して、社員は毎日美に触れ続けるわけです。社屋をリニューアルして以降、バックヤードも含めて、オフィス部分を美しく保とうと、社員の意識が変わってきました。今も、自分たちの手でオフィスを綺麗に保とうとしてくれています。

以前は開けっ放しでも気にしていなかったドアを丁寧に閉めるようになったり、美しいものを大事に使う意識が出てきたりして、振る舞いが変わってきたのです。物へ気を遣うようになったとも言えるかもしれません。

美に対する投資の二つ目の効果は、人材獲得です。

最近、細尾に新卒で入社した社員は、京都大学経済学部出身で、周りは金融やコンサルティングの会社へ就職していくなかで、「思想のある会社で働きたい」と、細尾に来てくれました。HOSOO FLAGSHIP STORE の建築にも共感してくれたようです。

中途で入社した別の社員は、以前は香港の大手金融会社でヴァイスプレジデントを務めていました。金融の世界でバリバリ働いていた人が、「カルチャーのある会社に行きたい」と、細尾に入社してくれたのです。

その社員が細尾を知ってくれたきっかけは、細尾がきもの文化をヒントにしてつくったお菓子「かさね色目のマカロン」だったそうです。

その社員は、あるイベントでそのお菓子を食べて、このお菓子を作ったのはどんな会社なんだろうと興味を持ったそうです。

そしてHOSOO FLAGSHIP STORE へ足を運んで、衝撃を受けたと言います。建築、香り、音楽。建物の隅々から美意識を感じて、「ここで働きたい!」と思ってくれたそうです。

そういったエピソードからもわかるように、美への投資は、社員の勤務環境やリクルート活動への投資と実はイコールなのです。細尾は美を介して、人材のリクルーティングや社員教育を行なっているとさえ言えます。

多くの会社が、社員教育やリクルーティングには大規模な予算をかけると思います。広報や広告もそうでしょう。

HOSOO FLAGSHIP STOREは、建築やデザインの数々の国際的アワードを受賞しています。日本空間デザイン賞、京都建築賞、iF Design Award 2021（ドイツ）、Red Dot Design Award 2021（ドイツ）などです。「ニューヨーク・タイムズ」や「日本経済新聞」など、国内外問わずその他数多くのメディアにも取り上げてもらっています。

受賞もメディア掲載も、広告を出さずして、本質的にブランドや会社のPRになっているのです。

視野を広く持ち、美への投資を積極的に行なっていけば、リターンは必ず返ってくるのです。

美への投資の成功例　ブルネロ　クチネリ

「美意識の大切さはわかるけれども、それがそんなにうまく、ビジネスでの成功につながるのか」と思われる方もいるでしょう。

イタリアのファッションブランド、ブルネロ　クチネリをご存じでしょうか。

「人間中心主義」を掲げ、美意識を持った経営を文字通り実践し、美への投資を非常に積極的に行なっているブランドです。

ブルネロ　クチネリ氏が一九七八年に創業し、一代で世界的企業へと成長させました。現在はフィレンツェの近くにあるソロメオという小さな村（人口は四〇〇人ほどで、クチネリ氏の奥様の出身地でもあります）を拠点に、古城を改装してオフィスにしながら、世界的なビジネスを行なっています。

ブルネロ　クチネリの服は、たとえばジャケット一着で数十万円はするものです。そしてその値付けは、社で働く職人・社員の尊厳を重視することから来ています。

商品に適正と考える価格をつけて、クチネリ氏は実際に職人たちに利益を還元していま す。そこにこそ、「人間主義的資本主義」の美意識が表れています。

さらにはソロメオ村に劇場や、職人を養成する学校など数々の施設を創設し、地域の振興にも貢献しているのです。

ブルネロ クチネリが凄いのは、そのような美意識や倫理観を持ちながらも、あるいは持っているがゆえに、ビジネスで大きな成功を収めていることです。ブランドの年間の売上は七〇〇億円にも上ります。営業利益率も非常に高いです。

いわば、世界中の人がブルネロ クチネリを支持しているのです。というのも、これまで高価格の商品を販売するブランドの中には、たとえば「メイド・イン・イタリー」と言っても、東ヨーロッパや、アジアの労働者を搾取することによって生産されてきたものがあります。そしてそのことは、情報が世界中に行きわたっている現在の社会では、多くの人が知っていることです。

ブルネロ クチネリは、そのようなこれまでのブランドとは異なります。職人たちの喜びに満ちた仕事、美の追求を大切にしながら、利益も彼らに還元していく。そういう考え方だからこそ、ジャケットでも何十万円もするのだということを明示し、世界を納得させているのです。

ブルネロ クチネリの考え方は、世界中の貴族や富裕層から支持され、大きな成功へとつながっています。

「人間主義的資本主義」とだけ聞くと、「それでうまくいくのかな」と思う方も多いと思います。ところが、むしろその徹底した美意識こそが、ビジネス上の大きな成果をもたらしているのです。

さてここまで、企業の目線で、「美意識を持った経営」の重要性と、美への投資のリターンについて解説してきました。

ここからは、企業としてではなく、各個人が美意識を育てるためにどのような方法があるのかをご説明します。

私の考えでは、美意識を育てる方法は五つあります。キーワードは物、型、体験、創造、投資です。順番にご紹介していきたいと思います。

美意識の育て方1　美しい物を使う

美意識を育てる第一の方法は、美しい物を使うことです。「本物の美に触れる」ことと言ってもよいでしょう。

良質な物に触れるときに大切なのは、物として雑に扱うのではなく、対等に物と向き合うということです。

物と真摯に向き合うことで、物から得られるもの、学ばせてもらうもの、想いを馳せられるものが出てきます。

物を使うことで美意識を磨くためには、この基本的な姿勢が重要です。

私はふだんワインを飲むのに、オーストリアの由緒あるガラス工芸メーカー、ロブマイヤーのワイングラスを使っています。

「カリクリスタル」という、極薄のクリスタルガラスでつくられたグラスです。ロブマイヤーのグラスは、驚くほど軽く、薄く、エレガントなのが特徴です。

その繊細なガラスの薄さや、熟練技術が注ぎ込まれた凜としたフォルムから、「大切に扱おう」という気持ちが自然と湧いてきます。

このように物に丁寧に向き合って、「気を遣う」という部分がすごく大事だと思います。美しい物を丁寧に使うことで、その人の所作は磨かれ、その物によって美意識は育まれていくのです。

物を通してつくり手の美意識を感じる

美意識を育むためには、物の背景も重要です。物を使うことで、つくった人の想いや美意識を感じることができるのです。

使うことで、物に対する愛着も湧きますし、人の寿命を越えて物は受け継がれていきます。そして受け継がれていくことによって、また物に新たな物語が加わって、進化していくのです。

美意識は、使う人と物との両者の関係によって醸成されます。

物を使うことによって、使う人は、つくった人の美意識を自分の中に取り込んでいきます。そして自らの美意識を更新していくのです。

どういう物をつくるかが、どういう人をつくり、どういう社会をつくるかを決める

詳しくは第5章でご紹介しますが、伝統工芸を受け継ぐ仲間とのプロジェクト「GO ON」がパナソニックと協業して行なったプロジェクト「Kyoto KADEN Lab.」で、こんな議論をしたことがあります。

「どういう物をつくるかが、どういう人をつくるか、どういう社会をつくるかを決めるのではないか」と。

家電業界でも「落としても大丈夫」「雑に使っても大丈夫」そういった耐久性の基準を、すべてのものづくりの基準にしています。

パソコンであれば「何メートルの高さから落としても大丈夫です」とか、「ヒンジは何万回の開閉にも耐えられます」とか、そういった基準です。

もちろんすぐに壊れては困りますので、機能として大切な部分ではありますが、そうしてできた物を使う人は、物を「雑に扱ってもいいのだ」と考えるような人になってしまうかもしれません。

やっぱり物である以上、それはいつか壊れます。しかし壊れるからこそ物に気遣いをして丁寧に扱ったり、物を直しながら世代を越えて使ったり、という文化も生まれてきます。

そのような姿勢の全体が、物と向き合うということではないでしょうか。

コンピュータでも車でも、すべて同じことが言えます。

「壊れない物をつくろうとする」ばかりで、物の使い方にフォーカスすることが、意外と少ないのです。壊れるという最悪のレベルに基準を全部置いてしまうと、物を介して育つ人間の美意識も、同じレベルになってしまうのです。

すなわちこれはエデュケーション（学習）の問題でもあるのです。

物を単なる所有品と捉え、使い勝手のいい、使い捨てのものとしてとらえるのか、そうでないのか。それによって物を通してどんな人が育つかが変わってきます。

「壊れない」ことに価値を置けばおくほど、そうやってつくられた物はどんどん捨てられていきます。大切に扱うことが重要視されていないため、物としての優先順位が低くなってしまうのでしょう。

ロブマイヤーのグラスは、見た目も美しいし、飲んだときに口当たりがよく美味しい。なにより、その繊細でエレガントな形状は、「丁寧に使おう」という気持ちを喚起します。

どういう物を使うかによって、皆がどういう意識を持つか、どういう社会になるかが変わってきます。だからこそ、「使う物に責任を持つ」ことが大事だと思います。

「そういう商品をつくっているメーカーが悪い」と言う人がいるかもしれませんが、そもそも自分たちがそれを使わなければ、メーカーもそういう商品を出さなくなるわけです。

だから自分たちが何を使うか。物の背景に想いを馳せられる物を使うかどうかが、世の中の大量消費の姿勢を変える第一歩だと思います。

「触れる」ことの大切さ

そして物に関しては、本や写真でいくら知識を深めても、実物を目の前にして「美しいなあ」という感動を得なければ、その美を理解することはできません。

しかも見るだけでなく、手に取って質感を確かめ、美がそこに存在している「気配」のようなものをとらえることが重要だと私は思います。

目ではなく、皮膚で理解する。

すべての感覚器は皮膚の細胞から発展したといいますが、人間の五感の中でも根本的なのは、やはり触覚なのです。

職人技が詰まったラグジュアリーブランドの製品でもいいですし、伝統の工芸品が並べてあるお店でも構いませんから、「物に触れられる場所」に行く経験を持っていただくと、美意識を育てることにつながると思います。

私自身も、骨董屋さんからの勧めで飛鳥時代の布を見に行ったことがあります。これはほとんど博物館に展示されるような希少な品で、「触れる」ことはできなかったのですが、一〇〇〇年以上が経っているいまも柄の形跡が残っており、当時の美しさが想像できました。

こうした美意識を高める体験を、積極的につくることが大切です。

常に肌に触れる衣服の世界は、いちばん美意識を高めるのに効果的でしょう。

大きな仕事をやり遂げた後で、「自分へのプレゼント」として、丁寧につくられた服やバッグ、アクセサリーなどを買う人がいます。良質なものを身につけ、触れるというのは、「自分を成長させる」という意味でも理に適っています。

私としては、美意識がたくさん込められている、きものを仕立てていただくのもお勧めしたいです。

「本物に触れさせなさい」――フェラガモの哲学

美的感覚とか、「センス」と呼ばれるものを、生まれながらの才能のように考えている方も多いでしょう。

しかしここまで書いてきたように、物を使うこと、物に触れることを通じて、美意識は育てることが可能です。

私が生まれたとき、私の父はまだ細尾の会社を継いではいませんでした。商社の繊維部門で働いていて、イタリアに駐在していました。当時、アパレルを扱っていた父が家族ぐるみでお付き合いしていたのが、フェラガモ氏の一族でした。

日本でもよく知られたブランド「フェラガモ」ですが、創始者のサルヴァトーレ・フェラガモ氏は、一九四〇年代から五〇年代に活躍したファッションデザイナーです。よく知られているのは「靴」ですが、マリリン・モンローやオードリー・ヘップバーンといった大女優にも愛され、自身の名前をブランド名とするファッションブランドを立ち上げました。

いまもその会社は同族経営で子孫たちに受け継がれていますが、父は当時の社長と親交があり、私も何度か家にお邪魔する機会がありました。

そこで父が言われたのは、

「小さいときから美しいものに触れさせなさい」

ということでした。

「まがい物でなく、本物に触れさせなさい。それが必ず将来につながってくる」

フェラガモ氏の教えにしたがい、父は私を小さな頃から、着るものも、食べるものも、できるだけつくり手の美意識が宿ったものに触れさせようと育ててくれました。

実家に戻れば西陣のきものがあり、京都の街は美しいものに溢れています。

父が本物の美に触れさせようとしてくれたことは、私の現在の仕事に、確実に影響しているでしょう。

触覚は育てることができる

細尾では触覚の研究者を会社に招いて、一年間、月に一度のペースでレクチャーをしてもらっていたことがありました。講師は、名古屋工業大学教授の田中由浩氏に依頼しました。

その中で最も勉強になったのは、「触覚はエデュケーション（学習）である」ということでした。田中氏いわく、「世界一気持ち良いベルベット生地」というようなものも、その「気持ち良さ」を感じられるのは、エデュケーションの成果なのだというのです。

つまり初めてその最上の生地に触っても、その気持ち良さは伝わりません。それは、最初から美食を味わってもわからないのと一緒です。

実際に触って身体化していくことで、「これが気持ち良いものなのだ」ということがわかるのです。どのようにしてその状態まで感覚を育てていくか。人の触覚を育てるプロセスが大事なのです。

着物の感触で仕立ての違いがわかる

京都でも昔の旦那衆は、高級な絹織物である結城紬《ゆうきつむぎ》が、どうやって織られたものなのかを見抜くことができたといいます。

自分の身体を織機として使う地機《じばた》と呼ばれる織り方なのか、高機《たかはた》と呼ばれる木のフレームがある機械で織ったものなのか、着物を着ることで区別することができたそうです。

糸は生き物なので、極度に張ったまま織り続けると、糸が疲れてきます。弱ってきて、切れてしまったりする。地機の良いところは、糸のコンディションを見極めて、力を調節しながら織れるところです。

だから地機と高機では織られた織物はたしかに違うのです。

見た目はほとんど同じようにしか見えません。けれども昔の旦那衆には、自分で着ていたことによって、その違いを見極める判断力があったのです。「地機が良い」という感覚を自分の中に持っていたのです。

触ったり使ってみたりすることで、人の感性は育っていきます。難しく考えずに、とにかく美しい物に触れること。それが美意識を育てる最良の方法だと思います。

美意識の育て方2 美の型を知る

美意識を育てる二つ目の方法は、先人が生み出した型に倣《なら》うことです。先人の美意識を身体化させることとも言えるでしょう。

茶道や華道など、「道」のつく芸術はそのアプローチをとっています。「道」というのは、先人たちが美意識を磨いていくなかで、型を通してバトンが受け継がれてきた分野です。

私は茶道を習っているのですが、こうした日本古来の芸道は「美しさ」を常に要求されるものです。座り方はもちろん、お茶室での座る位置に、道具の置き方、お茶の飲み方やその手順など、形式的に思えますが全てに意味があり、それがいちばんバランスがとれていて「美しい」状態になります。

先人が生み出したより美しい型こそ、より自然に近く、真理に近い状態を表しています。

道を追求する以上、人はその地点を目指すべきだと考えます。茶道もやはり、先人が創り出した型によって、人の美意識を成長させるものなのです。

所作やふるまいでも、日本人は美しさをつねに求めてきました。その最たるものは武士の世界でしょう。

元来、和服は美しい身体の動きを要求される衣服ですが、武士は他人からあなどられないように肉体を鍛え、規律の正しさを己に課し、恐怖などの感情を表に出さぬように努力しました。それが〝醜い〟と考えられたからです。

一六世紀に九州のキリシタン大名からヨーロッパに派遣された「天正《てんしょう》遣欧《けんおう》少年《しょうねん》使節《しせつ》」という若い武士たちがいますが、イタリアやスペインなど、彼らは行く先々で大ブームを巻き起こします。

どうしてかといえば、「美しかった」からです。

武士の美意識の中で鍛えられた彼らの所作やふるまいは、ヨーロッパ人を感動させるくらいに新鮮だった。それくらいかつての日本人は、世界でも抜きん出て「美しくあること」を求めていました。

これは生き方についても同じです。

武士の美意識に基づいた生き方がまさに「武士道」と呼ばれるもの。自分自身の役割を命懸けで実行し、それを証明するために切腹までする。

常に「美しく生きる」ことを心掛けないと、私たちはつい自分の価値を低くするようなことをしてしまうことがあります。他人に迷惑をかけたり、卑屈になったり、怒りをぶちまけたり……。

結局、私たちが「やるべきでない」とされていることは、端から見れば「美しくない」のです。人間は誰しも完璧ではないのですが、矛盾を抱えながらも「美しい生き方」を目指していきたいものです。

美意識を高めることは、最終的にはそこにたどり着くわけです。

千利休の「守破離」

千利休が提唱した「守破離」という考え方も、先人が突き詰めていった美意識の型を学ぶことで、自らの美意識を拡張することができることを説いています。

「守破離」は、もともとは千利休の訓をまとめた『利休道歌』にある、

「規矩作法《きくさほう》　守り尽くして破るとも　離るるとても本を忘るな」

から来ているとされています。

「守破離」の「守」の部分は、まず先人がつくった型に徹底的に従うことです。茶道では「斜めの位置に物を置いてください」などの決まり事が作法（型）として存在します。その理由は、型に従うと実際に美しいからです。

型に従うことで、その美意識を身体知として落とし込むのです。

伝統の型をまずは徹底的に「守」り、それを相対化しながら研究を深めることで「破」り、その上であらゆる型から「離」れて自在の境地に立つ。

そうして新たな流派が生まれるのだと千利休は言っています。

その美意識を体現した人たちはもう生きていないはずですが、その人たちが残した型を真似ることによって、自分の中に先人の美意識を取り込むことができます。

「守破離」という教えは、自分を型に嵌《は》め、次にそれを否定し破壊して、そこを離れることで新しい自分をつくり直すという、進化発展のための英知と言えます。

美意識の育て方3　美を体験する

美意識を育てる三つ目の方法が、美を体験することです。歌舞伎や演劇を観る、オペラを鑑賞する、美術館に行く、などの体験はすべて、美意識を育てることへとつながります。というのもそれらの芸術を鑑賞することは、人が美意識を持って行なっている創造的な営みに触れることだからです。

料理の世界でも、いまトップシェフと言われているシェフの多くは、若い頃から、他のことは我慢しながらでも、様々なレストランを貪欲に食べ歩いたりした経験を持っています。そうやって「本当に美味しいもの」に対する自分の感覚のレベルを上げていくのです。

美意識とは「経験×感性」によって育まれます。

これは料理や芸術だけではなく、いろいろな分野で言えることだと思います。

「NARISAWA」で本物の料理を味わう

東京の南青山に「NARISAWA」というレストランがあります。

オーナーシェフの成澤由浩氏は、元々はフレンチの世界で天才的な料理人として知られていた方です。今はフレンチの世界を飛び越えて、「イノベーティブ里山キュイジーヌ」という独自のジャンルを切り開かれています。

成澤氏はミシュラン掲載はもちろん、料理界のアカデミー賞と言われる「ワールド50ベストレストラン」に一一年連続で選出。二〇一八年にはフランスの国際ガストロノミー学会からアジア人で初のグランプリに選ばれています。

成澤氏はご自身の料理を「イノベーティブ里山キュイジーヌ」と名付け、それを通じて、一つの世界を表現されています。日本の里山にある豊かな食文化と、人と自然が共存してきた先人たちの知恵（里山文化）を、料理によって表現されているのです。

里山は人が入っていかないと荒れてしまう。成澤氏の料理は、人と自然との共生がテーマです。適正な循環システムをつくることで人は里山に入っていって草を取りに行く。NARISAWAでは料理の背景にそんな物語を盛り込み、土地の自然や文化、歴史、その物をつくった人の美意識や世界観、想いがすべて料理に込められているのです。

成澤氏の料理を味わうことは、一つの美的な鑑賞経験であり、自らの五感をフルに使って味わう経験が、人の美意識を育ててくれます。

「美」を忘れた現代アート

昨今、ビジネスにおいて「アート思考」が注目されています。

いろいろな定義がありますが、「作品を生み出すときのアーティストの思考法を取り入れよう」とか「アートを鑑賞することによって想像の幅を拡げよう」など、共通しているのは、アートの思考を取り入れることで感性や想像力を柔軟にし、ビジネスのイノベーションにつなげていこうとすることだと思います。

「アート思考」が語られるときに多く参照されるのが、「現代アート」です。

現代アートの出発点は、一九一七年にマルセル・デュシャンが便器を「アート」として展示した『泉』という作品だとされています。その時起きたのは「美」から「コンセプト」へ、という転換でした。

しかし今や現代アートの分野ではその流れが行き過ぎてしまい、人が美を感じるかどうかからはまったくかけ離れて、コンセプトだけを重視する事態が生じています。美しいかどうかではなく、いかにインパクトを与えるかばかりが重視されているのではないでしょうか。


愛知県で行なわれた国際美術展「あいちトリエンナーレ2019」の企画展「表現の不自由展・その後」をめぐっては、数多くの抗議や批判が集まり、日本中で大きな議論が巻き起こりました。

美術作品の政治性や、政治性を持つ作品を展示するべきかどうかに対しては、様々な考え方があると思います。しかし、一連の騒動を見ていて私が一つ思ったのは、そこでは「美」

の問題が置き去りにされているのではないか、ということでした。

作品を擁護する人も批判する人も、作品が美しいかどうかを、あまり俎上に載せてはいなかったと思います。しかし私は、作品に対する美の気配なくして、作品を判断することはできないと思うのです。

元々は気配や触感など様々な感覚へと開かれていた芸術作品も、頭で文脈を理解する対象として、コンセプトやメッセージ性だけが問題にされてしまいがちです。それは芸術作品に対して、あまりにも狭く、バランスを失った短期的な捉え方ではないでしょうか。

そしてコンセプトを重視するアートは投機の対象となり、歯止めのきかない資本主義を推進してもきました。世界のマーケットでは繰り返しバブルが生み出され、崩壊し、また新しいバブルが生み出される。アートが美や身体からかけ離れたものになる動きは、情報社会でいっそう加速しているとさえ言えるでしょう。

日本においては、江戸時代までは、工芸とアートの境目はありませんでした。楽焼《らくやき》の茶碗などもそうですが、お茶の道具としてアートは五感全体、身体全体で感じるものでした。しかも西洋のように作品が人間から切り離された実体としてあるのではなく、鑑賞者と物が空間において調和するなかで、初めて成立していました。

これは現代アートが強調するような、「I」に基づく「個」の世界ではなく、「We」に基づく「私たち」の世界です。この調和的な世界観が日本の文化にはありましたが、どんどん西洋の個人主義に引っ張られて、身体から離れていってしまいました。

最近、現代アートのトップアーティストである村上隆氏が、「現代美術」と「陶芸」をテーマとした展覧会を開いたり、陶芸家と組んでギャラリーを開いたりされています。このような動きも、日本文化が持つ、原初的な「調和」を取り戻そうとする時代の流れを象徴しているのではないでしょうか。

美意識の育て方4　美しいものを創造する

美意識を育てる四つ目の方法は、美しいものを創造することです。音楽をつくる、器をつくる、料理をつくる。つくることでものの理解も深まっていきます。

私が「GO ON」で一緒に活動している、中川木工芸という会社があります。中川木工芸は、滋賀県で伝統的な木桶を製造している工房です。現在は木桶の製作技法を用いて、おひつや寿司桶、シャンパーニュクーラーなど、美しい木製品を数多くつくられています。
その主宰・中川周士氏は、「職人」を体験するイベントを立ち上げています。
そこには日曜日になると東京など全国から様々な人々が来て、工房で木を削り、お皿や箸や桶などを一から制作していきます。

観光地で手軽に経験できる「木工体験」「焼き物体験」のようなものとは違います。参加する人々はもっと真剣です。毎週のように何度も通い、職人と同じように素材と向き合い、本格的に一つの作品をつくりあげていくのです。

参加者は、ふだん都会で働いている人が中心です。企業家や実業家の方も多く、女性も多いそうです。

これは、自らの手を使って物をつくることで、つくる喜びを実感し、それを表現して生活の価値を高めようとする姿勢の表れではないでしょうか。

素材と真摯に向き合って物をつくることで、自らの創造力や集中力を高め、それを自らのビジネスに生かしたいという意味合いもあるでしょう。

自然と向き合い、自らの手で作業をして、成果を生み出す。その意味で「週末工房」は、「週末農業」とも似ています。

でも一つ違うのは、生み出されるものが農産物ではなく、工芸品という、繊細で触感的な質を持ったものだということです。

ビジネスパーソンが「週末工房」に集うのは、それがこれからのクリエイティブのカギになることを肌で感じているからではないでしょうか。

週末に素材と向き合い、手を動かす。これは創造性を高めるための、美意識のトレーニングです。

「フィットネス」ならぬ「クラフツネス」を、ぜひ実践してみてはいかがでしょうか。

美しいものを創造している人は幸せになれる

慶應義塾大学の教授で、「幸福学」の第一人者であり、心理学の専門家である前野隆司氏が面白いことを指摘されています。

前野氏の学生だった大曽根悠子氏の研究によると、「音楽、絵画、ダンス、陶芸などの美しいものを鑑賞するよりも、それらを創造するほうが主観的幸福度が高い傾向がある」というのです（前野隆司『幸せのメカニズム　実践・幸福学入門』講談社現代新書、二〇一三年）。

大曽根氏は、「美しいものを鑑賞するのが大好きだという学生」だったそうです。「アートや文化にあふれた社会にしたい。みんなを幸せにしたい」と考えた大曽根氏は、「人々はどんな種類の美しいものを見ると幸せになれるのかを調査したい」と考えました。

絵画も音楽もダンスも経験があった前野氏は、それらを見るよりもやる方が圧倒的に幸せであることを知っていたため、大曽根氏にアドバイスをして、「大曽根さんが行なったアンケートには、鑑賞する場合だけでなく、創造する場合も加えることにした」そうです。

結果は驚くべきものでした。「美しいものを多く鑑賞している人は、思ったほど幸せではありませんでした。美しさの鑑賞と主観的幸福の相関はさほど高くなかったのです」。

それに対して、「美しいものを創っている人は幸せでした。面白いことに、ロックバンドで演奏している人も、管弦楽団の人も、絵を描いている人も、ダンスを踊っている人も、陶芸をやっている人も、華道をやっている人も、料理をつくっている人も、何かを創っている人はみんな、幸せな傾向があったのです」。

「美しいものをただ見ているだけでは幸せになれないが、美しいものを創造している人は幸せになれる」。前野氏はそう述べています。

創造することは、美意識を育てるのみならず、その人自身の幸福へとつながっていくのです。

美意識の育て方5　美に投資する

美意識を育てる五つ目の方法は、美に投資することです。消費ではなく投資です。「投資」というのは、自分のお金を払って、物や体験を自分の血肉にすることです。それが「経験」となり、審美眼がそなわってきます。

「借りる」のでは駄目なのです。自分の中に深く落とし込むためには、自らお金を払う必要があるのです。

だから私は、昨今流行っている「シェア」の文化、シェアリングエコノミーに対して、必ずしも肯定的ではありません。

自分で「所有」するからこそ、経験を通して、自分の固定観念を破壊することができるのです。

いちばん避けなければいけないのは、「これはこういうもの」という固定観念に縛られマンネリに陥ることです。それによって自分の暮らしの幅も幸福の幅も、どんどん狭まってしまいます。

たとえば、清水《きよみず》の舞台から飛び降りるつもりで、少し高価な工芸品を買ってみてはいかがでしょうか。グラスやお皿、茶碗など長く使えるものだったら、決して悪い買い物にはならないはずです。

何より、物に対する意識が変わります。今までの自分の価値観からジャンプするために、飾るのではなく使えばよいのです。

本物を経験することで、人は感覚が磨かれ、より創造的になることができるのです。

西陣のきもので世界を変えたい

実業家・白洲次郎氏の奥様として知られる、作家の白洲正子氏は、骨董の収集家としても知られていました。

そんな白洲氏は、「オブジェとして飾る骨董に意味はない」「使わない感性はアップデートできないのだ」、ということを言い続けました。

職人がつくる美は、あくまで生活に使用する「工芸品」であり、だからこそ私たちは生活において美意識を高め、より高い美意識を目指して自己を成長させることができます。

つねに日常で、仕事で、美意識を感じながら生きるようにする。

それほど充実感があり、楽しみや発展性が感じられる生き方はないのではないでしょうか。

それを考えれば、「きもの」という商品を皆さまに提供できる立場にいる私は、つねに幸福なのだと思います。

きものはつねに生活の中にあり、身につけていることで、四六時中、美意識を感じていられる最高のアイテムです。

そこには日本が築いてきた文化が凝縮され、また作家や職人が宿した美意識も託されています。

ただ、残念ながらいまの日本では、きものを着る人が非常に減っています。これはとても残念なことです。かつて日本人がきものを着ていた時代は、スマホどころか電気すらもない、写真もなければ、美術館もなかった時代です。

けれども現代よりもずっと、人々の美意識は高かったように思います。

生活環境で使うものを、より美しく使うことを工夫し、和歌やお茶を嗜《たしな》むことで内面の美しさを磨こうとした。そのうえで季節ごとに移ろう自然に親しみ、人生の最後の瞬間にまで恥じることのない美しい生き方を目指した。

日本の美意識は、そんな価値観とともにあったのです。

小説家の川端康成や批評家の小林秀雄も、美術品や骨董を好んで収集していたそうです。美しい物への投資を通じて自身の美意識を高め、創作の糧《かて》にしていたのでしょう。

「美への投資」を行なうポーラ

美への投資を積極的に行なっている企業の一つが、化粧品メーカーのポーラです。

私は二〇一八年から、ポーラ・オルビス ホールディングスの外部技術顧問を務めています。化粧品を手がける企業のチームと協働して、「これからの美とは?」をテーマにした、「美を紡ぐ」という研修プログラムを担当しています。

このプログラムでは、ポーラ・オルビス ホールディングスのグループ各社から応募制で参加者を募ります。社長や役員から、若手の社員までが参加し、伝統工芸や日本食の美に触れることで、美意識や感受性をアップデートさせていく試みです。

ポーラという「美」を扱う会社だからこそ、美意識を磨くトレーニングを全社的に行なっているのです。

本章の後半では、五つの視点を軸に、美意識を育てる方法を解説してきました。実はポーラが「美を紡ぐ」のプログラムで行なっている美意識のトレーニングは、まさにこの五つの方法を具現したものになっています。

・美しい物を使う

第一回のセッションのテーマは、「経年（エイジング）美化」。細尾の織物と、開化堂の茶筒の工房を見学し、経年により価値が失われるのではなく、むしろ味が出て質が高まる工芸品に触れることで、「美」の概念を捉え直しました。

化粧品の世界では、赤ちゃんの肌が最高で、いかに若さを保つかという価値観が重視されています。それに対して、「エイジングの美」というものもあることを探る試みでした。

・美の型を知る

建仁寺の両足院というお寺で、座禅を組んで感受性を開く体験も行ないました。「座禅」と聞いて想像するような「心を無にする」イメージよりも、座禅を組むなかで普段自分の中でシャットアウトしていた鳥の声が聞こえてきたり、自然の世界と自分が一体であるということに気づく、調和を重視した「型」のトレーニングでした。

さらに和菓子の「塩芳軒《しおよしけん》」では、感覚の伝え方や捉え方、さらには和菓子の「銘」の付け方について考えました。桜の季節のお菓子に「桜」という銘を付けるのは野暮です。形が抽象的であっても、そこにピンクがあることで桜だとわかる、そういう伝え方もある。

ポーラ「美を紡ぐ」の研修風景

自然の美を取り入れる「型」を学びました。

・美を体験する

ある回のセッションのテーマは「テクスチャー」でした。京都の懐石料理店「木山」を会場に、三種類の水（水道水、井戸水、硬水のミネラルウォーター）と、二種類の出汁（かつおだし、こんぶだし）の掛け合わせで、どのようなテクスチャーの変化が生まれるかを考察しました。最後にはそれぞれで仕上げた料理を味わって違いを体感するというものでした。

・美しいものを創造する

「美を紡ぐ」はそのほか、中川木工芸で木工の体験を行なったり、「創る」経験をプログラムの中に取り入れています。その他、その回ごとに、表具師、陶芸家、装束のスペシャリスト、京繍《きょうぬい》の職人さんなど、様々な方にご協力いただき、美意識のアップデートに取り組んでいます。

「美を紡ぐ」の根本にある目標は、美の概念の拡張です。世界には様々な美があることを参加者は自身の身体で経験しています。

お化粧の「美」だけにとらわれず、工芸や食の美に触れ、美の概念を拡張することでポーラは、新しい時代に必要な創造性を高めようとしているのです。

このプログラム自体が、美意識を育てる五つ目の視点「美に投資する」を体現しています。

美意識を更新し続けた石岡瑛子氏

フィットネスで筋肉を鍛えるのと同じで、美意識は鍛えられます。鍛えられますが、これも筋肉と同じで、鍛え続けていないと衰えます。そして感覚の世界、美意識の世界は、死ぬまで高みに上り詰められます。ただしその高みへと達するためには、経験によって、自分の固定観念を壊し続けなければいけません。

美意識はどこまでも更新し続けることができる。そのことを身をもって証明したのが、デザイナーの石岡瑛子氏でした。

二〇二〇年一一月から二〇二一年の二月にかけて、東京都現代美術館で、アートディレクター、デザイナーとして二〇世紀後半に多大な功績を残した石岡瑛子氏の展覧会が開催されていました。若者にも非常に人気で、連日長蛇の列ができていたほどです。

石岡氏は、大学卒業後に資生堂に入社し、一九六六年のサマーキャンペーンの広告を手がけたことで一躍有名になります。独立後もパルコや角川書店など、数々の有名広告を生み出し、さらに八〇年代初頭には活動の場をニューヨークへと移しました。

映画、オペラ、サーカス、演劇、ミュージック・ビデオなど、数々の分野で華々しい実績を残しました。受賞も数知れず、二〇〇八年の北京オリンピック開会式では衣装デザインを担当しています。

石岡氏は、どうしてこれほどまでに、分野の垣根を越えて、華々しい仕事の数々を残すことができたのでしょうか。

石岡氏がすごいのは、ある年代だけではなく、若い頃から晩年に至るまで、ほぼ半世紀にわたって活躍し続けたことです。

私はその理由は、石岡氏が「自らの美意識を更新し続けることをやめなかった」からだと考えています。

若い頃にアイドルとして活躍したタレントの中には、ファッションやヘアスタイルが当時で止まっている人がいます。それはお化粧でも同じで、「自分が良いと思ったところで化粧は止まる」と言われることがあります。時代が変わってメイクの流れが変わっても、自分の全盛期の「あれがいい」という価値観にとらわれてしまう。だから自分が黄金時代の頃のスタイルから離れられない。

けれども石岡瑛子氏は、亡くなるまで美意識を更新し続けました。

歳を重ねてもいつまでも驚くほど若々しい感性をお持ちの方もいます。それは美意識を拡張し、自身の固定観念を壊し続けた結果だと思います。そしてそれは肉体にも表れてきます。

誰しもそうですが、固定観念に縛られて、「自分はここまでだ」と思ってしまうと、その限界から抜け出すことはできません。

年配者の中には、「今時の若い者は」と言う人がいますが、そう言った時点で、固定観念の枠内でしか考えられなくなってしまいます。むしろどこまでも自分を広げて、若者の趣味嗜好にも興味を持てるかどうかがカギとなるのです。

創造にとって大事なのは、常に背伸びをして、挑戦を続けることで、自分の美意識を打ち破っていくことです。

人間の持つ美意識がビジネスの「ビジョン」になる

現在、成功している企業でも、アップルにせよグーグルにせよ、その会社なりのビジョンやミッションを持っています。

アップルは「良い製品で世の中を満たす」、グーグルは「世界中の情報を整理する」。曖昧な大風呂敷なのですが、曖昧で抽象的であり、具体的な目標ではないことが、むしろ重要なのです。

細尾の視点から捉えた、一二〇〇年にわたる西陣織の歴史とは、先人たちが「究極の美」を追求してきた足跡です。

しかし先人たちが追い求めた「究極の美」という概念は、非常に壮大かつ曖昧なものだったのだと思います。

それを受け継ぐために、リヨンまで海外の技術を学びにいくとか、ジャカード織機を日本に持ち帰るとか、すべて美を守るための手段として展開されていったのです。

でもその「美の追求」という理想や理念がなければ、時の流れには逆らえないと諦めてしまっていたのではないかと思います。

諦めなかったから、その時代なりのテクノロジーを取り込んで、「究極の美」を新しい形でつないできたということです。

人間が持つ美意識こそが、ビジネスの「ビジョン」ではないでしょうか。

私たちは何を大切にしたいと思うのか。この会社は何のために存在するのか。

自分の枠（固定観念）にとらわれていないかを意識しながら、常に自分自身を拡張していくべきです。

これからの時代をつくり出していくのは、私たち一人ひとりの美意識に他ならないと、確信しています。

第5章

工芸が
時代をつなぐ

創造の根幹は工芸にある

これまで本書では工芸を、「美意識を持った創造的活動」だと定義してきました。本章では、その工芸が、これからの社会にとってどのような意味を持つのかを提案したいと思います。

近頃、「アート」「デザイン」「クラフト」が対比して語られることが多いように思います。これらに加えて、最近は「テクノロジー」が各分野に大きく関わってきています。多くの人にとっては、それぞれのイメージはあるものの、その違いはわかりづらいのではないでしょうか？

しかし、それぞれの分野を「工芸」を起点に考えるとわかりやすいと思います。工芸という大きな土台の上に、「アート」「デザイン」「テクノロジー」「クラフト」というそれぞれの箱が載っている。そんなイメージです。

工芸は、創造的活動の原点として、すべての分野の根幹にあるものと位置づけられます。

工芸の発展の形として、

・「無用の美」として開花したのが「アート」(美術工芸)
・社会や生活と密接に関わる「実用の美」として進化したのが「デザイン」(生活工芸)
・身体の拡張が未来の最先端の技術へと具現化しているのが「テクノロジー」(先端工芸)

そして、工芸の中でも特に

・過去からの伝統的な美意識、技術をもとに受け継がれてきたのが「クラフト」(伝統工芸)

です。

「アート」「デザイン」「テクノロジー」「クラフト」に関わるすべての分野の営みは、次ページの図のようなマップの中に位置づけられます。

こうすることで、別々のものとして捉えられがちなそれぞれの領域が、密接に関係していることもおわかりいただけると思います。

私の生業である「西陣織」は工芸の中でも、「クラフト(伝統工芸)」に属します。

「伝統」とありながらも、細尾と同様に積極的に新しい取り組みを行なっている仲間がいます。

GO ON 「伝統工芸」の枠を打ち壊す

私が二〇一二年から、伝統工芸を受け継ぐ仲間たちと行なっている「GO ON」というプロジェクトがあります。GO ONは、伝統工芸を未来へとつなぐためのプロジェクトです。

伝統工芸を軸として、アート、デザイン、テクノロジーとの接点をつくり、橋渡しとなるプロジェクトを展開しな

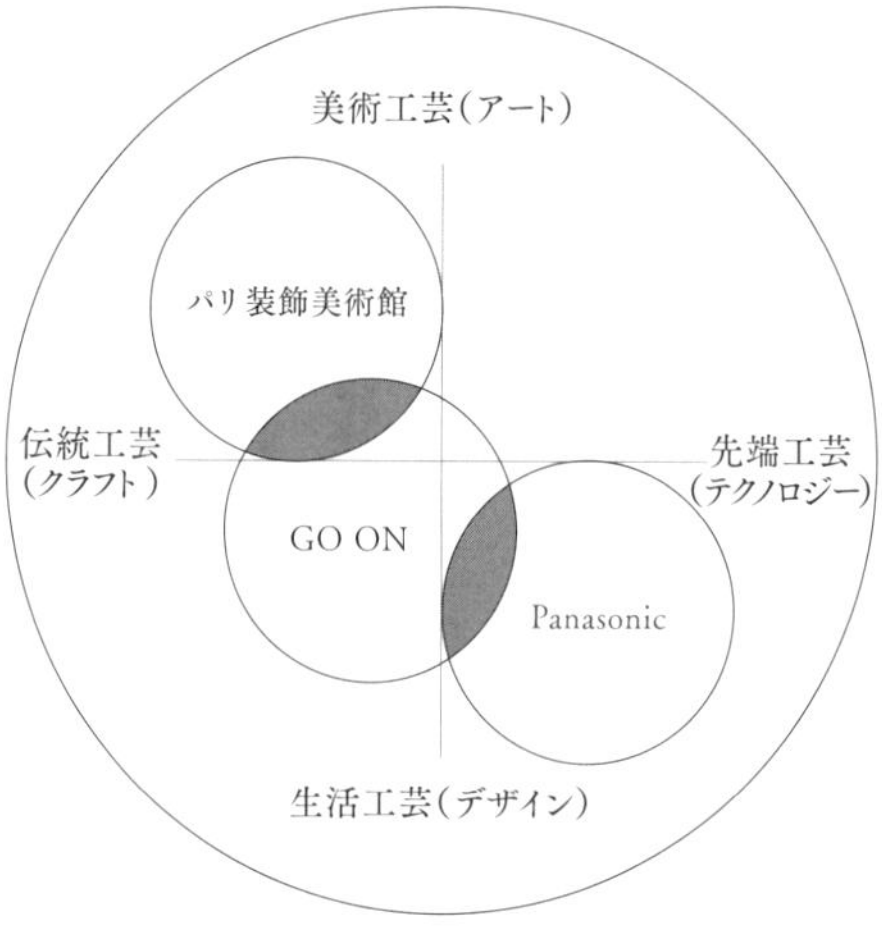

「アート」「デザイン」「テクノロジー」「クラフト」の関係

がら、伝統工芸のさらなる可能性を探っています。

活動は多岐にわたります。

二〇一八年には、ルイ・ヴィトンとのコラボレーションによる、煎茶用トランクケースを発表したり、同年、フランス・パリの装飾美術館で開催された展覧会「ジャポニスムの一五〇年」展に参画、二〇一九年に開催されたG20大阪サミットでは、ファーストレディ、ファーストジェントルマンたちをもてなすランチのテーブルを演出しました。

後ほど詳しくご紹介しますが、パナソニックとコラボレーションを行なった「Kyoto KADEN Lab.」というプロジェクトなどもあります。

GO ONの活動は、アート、デザイン、テクノロジーの領域を横断し、新しい価値を社会に示すことで、伝統工芸の可能性を拡げていく挑戦です。

また「クラフツナイト」というイベントを定期的に開催し、アートやデザインの分野で国内外で活躍する人たちをゲストに招き、若い世代にむけた、学びの共有を目的とした、トークセッションを開催したりもしています。

GO ONのメンバーは私、開化堂（茶筒）の八木隆裕氏、公長斎小菅《こうちょうさいこすが》（竹工芸）の小菅達之氏、金網つじ（京金網）の辻徹氏、中川木工芸（桶指物）の中川周士氏、朝日焼（茶陶）の松林豊斎氏の六名です。

GO ONの活動は、伝統工芸と他の領域との間の壁を壊していくものです。「伝統工芸」の従来の枠を超え、外の分野へと開いてつなげていくこと。それはいわば、社会の「伝統工芸」に対する固定観念との闘いでもあります。

「伝統工芸」と聞けば、職人が作務衣を着て黙々と取り組んでいて、何だか懐かしく、斜陽産業だから「守らなくてはいけないよね」。そんなイメージがある方も多いのではないでしょうか。

GO ONの活動は、そんな固定観念を壊すことを目的としていました。

GO ONメンバー。左から公長斎小菅（竹工芸）の小菅達之氏、中川木工芸（桶指物）の中川周士氏、朝日焼（茶陶）の松林豊斎氏、開化堂（茶筒）の八木隆裕氏、私、金網つじ（京金網）の辻徹氏

「前例のあることはやらない」がルール

「斜陽産業だから、継ぐのはやめたほうがいい」

それはGO ONのメンバーが、実際に自分の親たちから聞かされてきた言葉です。

茶筒の開化堂の八木氏は、お父さんから「跡を継げとはよう言わん」と言われ、英語が堪能だったので、外国人向けに商品を売る会社に入って、販売をしていました。

朝日焼の松林豊斎氏や、公長斎小菅の小菅達之氏も、「家業を継ぐな」と言われて、一度は会社勤めをしてから、家業に戻ってきています。

たしかに私たちがGO ONを始めた頃、「伝統工芸」は、ビジネスとしては非常に厳しい状況に置かれていました。

西陣織市場が三〇年で一〇分の一になったことは「はじめに」でも述べましたが、中川氏が営んでいるような桶屋も、五〇年前は京都に二五〇軒あったのが、GO ONの活動開始時には三軒になっていました。

茶筒に至っては、手作りで茶筒を作っている会社は開化堂一社しか残っていませんでした。

私たちの親世代の伝統工芸のプレーヤーたちは、職人同士の横のつながりが弱い状態でした。プロモーションも不慣れで、物は素晴らしいのですが、それをうまく売り出すことができていませんでした。

その上、販売ルートはほぼ国内市場に限られていました。

第2章で細尾の海外進出のことを書きました。国内のビジネスが難しいならば、海外に活路を見出すしかない。

細尾だけでなく、まだ出会う前のGO ONのメンバーそれぞれが、状況を変えるべく、それぞれの分野で前例のない海外戦に挑んでいました。

そしてその結果として、ミラノサローネなどの海外見本市にそれぞれ挑戦しては、ボロボロに負けて、打ちひしがれていました。

二〇一一年のミラノサローネでGO ONのメンバーが顔を合わせたのは、ちょうどそんなタイミングだったのです。

最初に出会ったのは開化堂の八木氏、公長斎小菅の小菅氏、金網つじの辻氏でした。

出会って話しているうちに、それぞれの伝統工芸の分野で同じ課題に直面し、それを打開しようとするマインドも共通するものを感じ、すぐに意気投合しました。

それから、少し遅れて中川木工芸の中川氏が加入し、その翌年には朝日焼の松林氏が加わり、現在の六名のメンバーとなりました。

全員に共通する想いはこうでした。

伝統工芸は斜陽産業と言われているが、見方を変えれば、「クリエイティブ産業」へと生まれ変わらせることができるかもしれない。小さい子供に、「将来何になりたい？」と聞いたときに、「職人になりたい」という答えが返ってくるようにしたい。

当時は、現実とは程遠いように思える、そんな目標を持っていました。

固定観念を打ち破ることがＧＯ ＯＮのポリシーでしたから、「前例のあることはやらない」が活動のルールです。ＧＯ ＯＮの活動は、そういう場所から生まれたのです。

「守られる存在」からの脱却

本書で語ってきたように、工芸は本来「欲求に忠実な、美意識を持った創造的活動」だと定義できます。その意味では多くの分野と関わることができるはずです。

しかし「伝統工芸」と言った途端に、ニッチな世界の話になってしまうのは、なぜなのでしょうか。

「伝統工芸」という区分け自体が古い産業構造を引き継いでいて、時代にフィットしていないのではないか。

それを変えるため、GO ONは海外に展開したり、伝統工芸をデザインやアートとブリッジし、新しいマーケットを生み出そうと思ったのです。そうすることによって、クリエィティブなことをやりたいという若者が伝統工芸の会社に来るかもしれない。そう信じてプロジェクトを続けてきました。

美意識を磨き合う仲間

そんなGO ONですが、メンバー同士は、良き仲間でありライバルです。いわばGO ONという一つのコミュニティで、常に美意識の磨き合いをしています。

開化堂が「茶筒にはお茶文化がなければ駄目だ」ということで「Kaikado Café」を始めれば、朝日焼は、宇治の平等院の向かいにお茶室併設のショップ&ギャラリーをオープンしたり。

仲間でありライバルでもあるので、半端なことをやっていると皆に突っ込まれます。「お前は何をやっているんだ。挑戦しているのか」と、常にチェックし合う。楽をしようとすると、すぐに見透かされます。

そこは皆容赦がありません。良い意味で緊張感があって、常にリスペクトとプライドを持っている関係です。

唯一重要なのは、何をするか

「何を考え、何を知り、何を信じているかは、結局は取るに足らないことだ。唯一重要だと言えるのは、何をするかだ」

これは、イギリスの評論家ジョン・ラスキンの言葉ですが、GO ONが大切にしてきたポリシーは、まさにこの言葉に表れています。

GO ONは「アクション」を大切にしています。まず動いてみて、そこから見えることを大切にしているのです。

何をアクションしたか、もっと言えば、「どう世の中を変革できたか」に重きを置いています。

これは今の時代、重要なポイントだと思います。外野からああだこうだ言う人は多いですが、実際に行動を起こせる人はとても少ない。

ＧＯ ＯＮでは、美意識だけでなく、行動を起こしているかどうかもお互いに重要視しています。

だから行動を起こせていなければ、すぐに仲間から突っ込まれて、行動せざるをえない状況に置かれます。

広がるＧＯ ＯＮの波紋

ＧＯ ＯＮが活動してきたこの一〇年で、世の中の伝統工芸に対する捉え方はだいぶ変わりました。

以前は職人が雑誌に取り上げられるようなこともありませんでしたし、取り上げられたとしても「作品」が主役で、脇に小さく職人の顔写真が載っているだけ、というのも多かったのです。「私の手でつくりました」というような。

その職人の個性や生き方などにスポットが当たることは、ありませんでした。

一方で、アーティストやデザイナーは違いました。だからこそ私たちは、同じクリエイティブ産業なのだから、伝統工芸の職人もそういうふうに取り上げられたっていい。そう考えたのです。

スーツを着てビシッと決める職人がいても良いし、フェラーリを乗り回す職人がいても良い。職人を憧れの仕事にする必要がある。

日本人のサッカー選手が、旧来の常識に反して海外で活躍し、固定観念を壊したように、私たちはそれを職人の世界で成し遂げたかったのです。

GO ONのメンバーが海外で実績を上げることができれば、伝統工芸に携わる他のプレーヤーたちも、「あいつらができるんだから、自分たちも」と、続いてくれるのではないかと思いました。

職人＝クリエーターの時代

そういった活動の甲斐あってか、「職人」の、社会的な位置付けの変化を実感しています。

私が入社した当時、細尾には大ベテランの職人が三人いるだけでした。それが今は当時の五倍、一五人の職人がいます。

しかも二〇代、三〇代が増えています。かつては人を募集しても集まらなかったのですが、今は募集をかけるとだいたい一〇倍から二〇倍くらいの倍率で応募があります。

みんなバックグラウンドも様々です。アート、ファッション、エンジニアなど。美大を出ていたり、服飾系の専門学校を出ている人も増えています。「日本の美で世界に勝負したい」と、伝統産業をクリエイティブ産業として捉えて来てくれる。非常に優秀な人が多く働いてくれています。

これは職人のイメージが変わってきていることが大きいと思います。

職人は今まで、「作業員」として見られることも多かった。西陣の現場でも、裸電球の前で高齢の職人さんがカタンコトンと織っているイメージがあったと思います。

GO ONの活動もそういう固定的なイメージを払拭していきたい。職人を「手から美を生み出す人たち」と再定義し、周囲も、自分自身も誇りを持てるようにしていきたい。

職人が、自らの手で美を生み出す表現者とみなされるようになってきています。表現者としての職人の仕事に、若い人が集まってきているのです。

工業が直面する壁

そのような大きな時代の変化の中で「伝統工芸」の位置づけが変容する一方、二〇世紀の経済をリードしてきた巨人である「工業」が、むしろ壁にぶち当たっています。日常生活は便利なものに溢れ、安く高品質なものが量販店で手に入ります。そんな世の中で、製造業で高度成長した頃のアイデンティティにしがみつき、工業的なアプローチを続けても、「意味」を持った魅力的な製品は生み出せなくなっているのが現実です。

しかし工芸の発想を取り込めば、苦境に陥っている工業はより進化し、現代人のニーズに合致した製品を生み出すことができるのではないでしょうか。

これからの工業と工芸の関係を考えるうえで、象徴的だった一つのプロジェクトをご紹介したいと思います。

GO ONがパナソニックとの協業で始めた「Kyoto KADEN Lab.」というプロジェクトです。

何のために新作を出すのか？

「Kyoto KADEN Lab.」が始まったのは、パナソニックの一〇〇周年が目前というタイミングでした。一〇〇周年を迎えるにあたり、「これから一〇〇年後の豊かさとは何か」を問いたい。パナソニックはそう考えていたのです。

当時、パナソニックの若いデザイナーが悩んでいたのは、「何のためにデザインしているかわからない」ということでした。

常に新作を出さなければいけない。新作を出すために新作をつくっている。「前のモデルでいいじゃないか」と思いながらデザインをしているのが、精神的にも辛い。そんな中、思考停止状態になってきている状況を打開したい。そういう想いがあったようです。

「良い物をつくって、世の中を良くしたい」という気持ちは、伝統工芸と工業に共通してあります。

ただ工業の側は、どこに突破口を見出したらいいのかがわからないことに悶々としていたのです。

それでGO ONに声をかけていただきました。

パナソニックとしては、「社内のカンフル剤を作りたい」「イノベーションを起こすための刺激が欲しい」ということでしたので、根本から見つめないといけないと思い、最初は物をつくるのではなく、お寺で座禅を組んでから、「豊かさとは何か」をセッションするような試みをしていました。

やがて、二〇一五年の秋頃にセッションをスタートし、一年後の二〇一六年の秋に、セッションによってできた何らかのプロトタイプをパナソニック社内に示す、展示会をするということになりました。

そこで私たちGO ONは初めて、パナソニックのような大企業と、同じ目線でセッションをすることになったわけです。

松下幸之助「伝統工芸は日本のものづくりの原点」

歴史を振り返れば、パナソニックの創業者である松下幸之助氏が、「伝統工芸は日本のものづくりの原点である」という言葉を遺されていることは、先述しました。

松下氏ご自身が大切にされていた「素直な心」を育てる道が茶道にあると思い、茶道具に触れるうちに、関心が伝統工芸に向かっていったそうです。

現在パナソニックの迎賓館として使用されている、京都の岡崎にある真々庵は、松下氏の別邸でした。こだわり抜いたお茶室もあります。

松下氏は、朝日焼の器も多くコレクションされていました。

工芸家を支援することによって、「ものづくりの心」を未来に伝えていきたいと考えていらした方です。伝統工芸に対する敬意を常にお持ちでした。

約一〇〇年前の一九一八年、松下氏がビジネスを始めたときに、日本はまだ豊かではありませんでした。だから松下氏は、「ものづくりの力で日本を豊かにしたい」と考えました。

これが有名な「水道哲学」です。幼少期に貧困にあえいだ松下氏は、蛇口をひねれば水道の水が出るように、低価格で良質な製品を大量供給することで、物が行き渡って消費者が豊かになるようにしたいと考えていました。

私なりに咀嚼すると、「インフラとしてのテクノロジーを整えていきたい」ということだと思います。

戦後には白黒テレビ、冷蔵庫、洗濯機といった「三種の神器」が、パナソニックをはじめとした家電メーカーの努力によって比較的廉価で家庭に普及しました。家事労働を代替し、暮らしを豊かにしてくれる家電が送りだされていったのです。

パナソニックの創業から一〇〇年が経って、日本の社会を見れば、インフラとしての物は豊かになっていると思います。松下氏の「水道哲学」が実現したのです。

しかしインフラが整っているにもかかわらず、マーケティング上の必要性からどんどん新作をつくる。それが日本の製造業が置かれている状況だと思います。

だからこそ、「本当の豊かさとは何なのか」「これからどこを目指すべきか」を、一〇〇周年を迎える前に探りたい。そのカギが、伝統工芸にあるのではないか。パナソニックは、そんな仮説を持っていたのです。

次の一〇〇年をどうするか？

「伝統工芸」と「工業」と聞くと、「手仕事」と「機械」といった、対立するイメージもあるかもしれません。

実際、安価で良質な工業製品が出てくることで、中川木工芸がつくっているような木の桶などはどんどん世の中から消えていきました。

しかし一大家電メーカーを創業した松下幸之助氏は、伝統工芸をまったく否定していなかったのです。そのうえで、まず世の中にインフラとして物を整えていくということをされていました。

そして最初の一〇〇年でパナソニックは、それをやり切った。いわば第一フェーズだったのだと思います。

今松下氏が生きていたとすれば、次にどんな一〇〇年を目指していくのか。それを探すことが、パナソニックと私たちGO ONの共通の課題でした。

伝統工芸にテクノロジーを隠す

一年後に何らかの形にすべく、セッションは毎月行なわれました。私たちはパナソニックの中で家電をつくっているチームと協業していました。

GO ONのメンバーのうち一人と、パナソニックが選抜したデザイナーのうちの一人が組んでセッションをする。それを毎月繰り返していきました。

セッションをするうちに、成果を言葉や文章で表しても伝わりにくいので、物で表してみようということになりました。物によるコミュニケーションです。

セッションの成果を製品化することは、あえて考えていませんでした。それを考えてしまうと、どうしても「ボールを置きに行ってしまう」ことになります。そこは放棄して、文字通りの実験を行なっていました。そんなラボでした。

製品化は考えずに、何かの形にして、一年後に京都で、社長をはじめパナソニックの役員たちや一部のメディアに向けて発表する。それが最終ゴールでした。

二〇一六年の秋に京都で、町家を借りて、そこで成果を展示しました。町家の中に三〇メートルもの長さの木のカウンターのような展示台を入れて、入り口から順番に成果物を並べていきました。その展示の設計も自分たちで考えました。

その時に展示していたものは、テクノロジーを前面に出すのではなく、伝統工芸の質感や触感を残しながら、テクノロジーを取り入れたようなプロダクトでした。

当時、「どうだ」と言わんばかりにテクノロジーを前面に出す家電が多かったのですが、せっかく伝統工芸と工業がセッションするのだから、そうではないものをつくりたかったのです。

伝統工芸は長い間、人が気持ち良いと感じるものをつくってきました。人の生活に寄り添ってきたからこそ、これだけ何十年、何百年と残ってきた。いわば長い時間を重ねて生き残ってきた「もの」です。

歴史を振り返り、「伝統工芸は日本のものづくりの原点」という松下幸之助氏の言葉もヒントに、「工業製品に工芸的な質を持たせる」のではなく、「伝統工芸」をメインにして、そこに工業のテクノロジーを隠す、という逆転の発想をしたのです。

「Hidden Technology」というのがテーマでした。

町屋での発表

例えば、中川木工芸の木桶に、小さなステンレスの玉がたくさん入っているもの。一見何の変哲もない木桶のようですが、ステンレスの玉が非接触でＩＨ（電磁誘導加熱）の媒介になることを生かした、ワインクーラーになっています。

あるいはとっくりの底に金属板を仕込んでおいて、距離で熱せられる度合いが変わり、熱燗《あつかん》から温燗《ぬるかん》まで温度が違うお酒が並ぶといったものもありました。

開化堂の茶筒を使った、開けると音が鳴るスピーカーもありました。

朝日焼で面白かったのは、もともと朝日焼が装飾に使っていた銀の釉薬《ゆうやく》が、非接触のＩＨの媒介になることがわかったのです。そのことを生かして、銀の釉薬がかかっている器をつくりました。何の変哲もない器だけれども、そこに水を注いでいくと、ＩＨで熱せられてお湯に変わっていく。

何かを変えたわけではありません。朝日焼がもともと使ってきた釉薬を、テクノロジーと掛け合わせて使っていく。

西陣の箔もそうです。もともとの素材が通電性が高いことがわかったので、それを使って、織物を触ると音が出るというスピーカーを開発しました（14〜15ページ参照）。

それらのものを、町家でプレゼンテーションしたのです。どれもコンセプト的な制作物なので、コストを考えれば売り物にはなりません。多様性を表現するために、約三〇の成果物をつくりました。

期間限定のプロジェクトということもあり、私たちとしては、この展示を行なって終わりというつもりでした。けれどそこでGO ONに白羽の矢が立ったのです。

パナソニックの当時の役員の方が、この展示を見て非常に気に入られて、毎年何億円とかけてパナソニックが出展していたミラノサローネに、パナソニックとGO ONのコラボレーションで出展してほしいということになったのです。

ミラノで話題をさらった「Electronics Meets Crafts:」

またとない機会をいただいたわけですが、問題は時間でした。ミラノサローネまでは半年を切っていました。急遽それに向けて動き出すことになりました。準備期間が短いというものの、規模や期待も大きな出展です。

コンセプトはあったとしても、サローネに向けてブラッシュアップが必要でした。GO

ONのメンバーと、ミラノでの展示場所を探すところから始めました。

最終的に、「イタリア国立ブレラ美術アカデミー」という、歴史ある美術館の地下に展示場所を確保することができました。その一階には美術アカデミーがあります。日本でいう東京藝術大学です。そこの地下の美術保管庫を借りることができました。

日本企業でそれまでその場所を使ったところはありませんでした。私たちがなぜ美術保管庫がよかったかというと、京都の町家で展示したような、長い木のカウンターのような展示台を通したかったからです。ブレラ美術アカデミーの美術保管庫の地下には、長大なカウンターを通せる空間がありました。

とはいえカウンターの設置は大変でした。三〇メートルもある木の板に、細尾のテキスタイルを使った二〇メートルの板状のスピーカーをつなげる構造です。スピーカーはテキスタイルに織り込まれた箔で輝いていて、未来へと向かう光のような世界を表現したかったのです。合計で五〇メートルほどあったので、職人が現地に行って、大変な苦労をして平行を合わせました。

五時間待ちの行列ができる

そこで「Electronics Meets Crafts:」という展示を行ないました。その頃サムスンに代表されるような、いかにも先進的でテクノロジーを感じさせる製品が世界には溢れていました。そういう流れとはまったく真逆の、一見テクノロジーの要素が見えないようなプロダクトだけでつくり上げた展示でした。

・朝日焼の「お茶の豊かさを五感で愉しむ茶器」
・開化堂の「掌《たなごころ》で音を感じ、表情を愉しむ響筒」
・公長斎小菅の「陰と光を愉しむＬＥＤペンダントライト」
・金網つじの「体験、記憶を膨らませる香炉」
・中川木工芸の「ＩＨからの非接触給電によって中の銀砂（金属粒）を冷やし、冷酒を愉しむ木桶」
・細尾の「触れると音が鳴る、織物のスピーカー」

が、一堂に並びました（14～15ページ参照）。

すべてのプロダクトには説明のスタッフについてもらいました。来場者にマンツーマンで物を紹介しながら説明するというアプローチです。人数もバラバラに見せるのではなく、二〇人ずつを一組にして、一つひとつのプロダクトを丁寧に説明していきました。

実際ミラノサローネでもこの展示が話題になりました。会期の最後には五時間の待ち時間が発生していたほどです。あの待つことが嫌いなイタリア人が、長蛇の列をつくったほどでした。

ミラノサローネはソニー、LG、BMWなど、世界の名だたる企業二〇〇〇社ほどが最先端のデザインのコンセプトを競い合う超大規模の見本市です。ミラノ中が熱気に包まれる、デザインのワールドカップです。

その中で私たちは、二〇〇〇社の中から四〇社のノミネートに選ばれました。さらにその四〇社の中から、日本企業では唯一、「Best Storytelling 賞」という大きな賞をいただくことができました。パナソニックとしても初めての受賞で、社内も沸いていました。

工業メーカーが工芸性を重視する方向へ舵を切る

この成功は、それまで世界中に分散していたパナソニックのデザインセンターの本部を、京都に移す一つのきっかけにもなりました。

京都に拠点を構えることで京都の工芸や文化と接続していくことが、これからの豊かさにつながる。そう考えてのことでした。

工芸とのコラボレーションが、大企業の大きな意思決定の一つのきっかけになれたことが、私はとても嬉しかったです。

この流れを受けて、翌年から日本の家電メーカーのデザインの流れも変わります。たとえばソニーも「Hidden Senses（隠された感覚）」というコンセプトを掲げ、日常に寄り添った、テクノロジーの新しいあり方を提案するプロジェクトを行なっています。

工業メーカーが、工芸性を重視する方向へと、大きく舵を切ったのです。

GO ONのメンバーの私たちは、人によっては数人規模の会社なのですが、「規模の問題ではない」ことを証明できました。

伝統工芸が工業と対等にコラボレーションできて、しかもそれをミラノの表舞台で評価してもらうことができたのです。

それがさらに他の企業に影響を与えて、世の中に徐々に工芸の流れが波及していく。時代の転換を象徴する出来事でした。

工芸による「新しいルネサンス」

いま世界では、工芸による「新しいルネサンス」が起こっています。

本書でご紹介したように、世界的なブランドの企業グループがヴェネチアで工芸をテーマにした巨大イベントを立ち上げたり、日本を代表する家電メーカーが工芸に新しい時代のものづくりのヒントを求めたり、現代アートのトップアーティストや、科学者やプログラマーさえ、工芸の分野とどんどんコラボレーションを進めていたりします。

ご存じのように元々「ルネサンス」と言えば、一四世紀イタリアで始まり、その後ヨーロッパ全体に広まった文化運動のこと。神を中心とした中世の世界観から大きく転換し、古代ギリシャやローマの文化を理想としながら、人間を中心とした新しい時代の世界観を立ち上げました。

さらに近代へと時代が下り、ルネサンスの人間中心主義が発展し、一八世紀からはイギリスを中心に、ヨーロッパで産業革命が起きます。産業革命は、機械による、人間の身体の拡張です。

そして二〇世紀末には、コンピュータとインターネットによる情報革命が起こりました。アナログをデジタルに置き換えることで、身体や場所の制限がなくなっていく。これもまた脳の拡張という意味で、人間の身体の拡張です。

しかし、機械が発達する中で人間の労働は細かく分業化され、人々は次第に働く喜びを失っていきました。

機械を使って安価で良質な製品を作れるようになった一方で、働く人自身は自ら創造的に物をつくる工芸的な喜びを失ったのです。現代では、高度に発達したコンピュータやAIが人間の仕事を奪うという事態も生じています。

また、情報革命の延長では、スマートフォンの普及によって情報空間が身近になった一方、それに依存する人が出てきたり、新しい問題も生じてきています。

身体の拡張の延長にあったコンピュータが、もはや身体からかけ離れてしまって、身体との調和が取れなくなってきているのです。

工芸の延長でテクノロジーが発達してきたはずなのに、それが人を脅かしかねない。工芸による「新しいルネサンス」とは、そんな時代からの転換です。「美意識を持った創造的活動」という原点に立ち返ること。

ここから広がってゆくのは、調和に基づく、新しい豊かな世界です。

働き方を変えるカギは工芸にあり～laborからoperaへ

二〇二〇年から世界中で新型コロナウイルスが猛威をふるうなか、仕事も在宅勤務やリモートワークが増え、働き方も暮らし方も、一変してしまった方も多いと思います。

実はこれからの働き方、暮らし方を考えるためのヒントが「工芸」にはたくさん詰まっています。

働き方について考える際に参考になるのは、一九世紀イギリスで活躍した美術評論家で、社会思想家でもあったジョン・ラスキンの考え方です。

日本では文化経済学、創造都市論の専門家である経済学者、佐々木雅幸氏が紹介されています（『創造都市への挑戦』岩波現代文庫、二〇一二年）。以下、佐々木氏の紹介を元に、ラスキンの考えを私なりにまとめると、こうなります。

ラスキンは、物の価値は、消費者の生命を維持するだけでなく、人間性を高める力にあると主張します。そしてそのような本質的な価値を生み出すのは、人間の自由な創造的活動（opera《オペラ》）であり、決して他人から強制された労働（labor《ラボール》）ではないと考えます。

一八五一－五三年の著書『ヴェネツィアの石』の中で、ラスキンは歴史都市であるヴェネチアの各時代を代表する建築群を分析しています。

彼は、ゴシック様式こそ至高のものだと位置づけているのですが、その理由は、ゴシック様式には「精神の力と表現」があると言うのです。

ピラミッドやパルテノン神殿に象徴されるような、エジプトやギリシャの建物は、たしかに優れたものです。しかしラスキンは、エジプトやギリシャの建物に、「支配者や上司に命じられた強制的な労働に基づく正確さ」を見て取ります。

一方、ゴシック様式の建築には、職人たちが自ら考え、手を動かした結果があります。それは「権威に抵抗し、自由な発想と企画でなされた創造的仕事」であり、そこには自主独立の精神が表現されているとラスキンは洞察しています（さらに詳しく知りたい方は、佐々木氏の『創造都市への挑戦』を参照ください）。

これまでの働き方で私たちは、自ら、「人間の自由な創造的活動（opera）」を表現できていたでしょうか。お金を対価に労働の時間を会社に提供し、平日は我慢して働いて（labor）、そのぶん余暇を楽しむ、というものではなかったでしょうか。

そして、新たな生活様式の中で仕事と生活の場が近づいた今では、「仕事」を、命じられる「労働」ではなく、自らの生と密接な「創造的活動」へと変えることが、多くの人のテーマになっているように思います。

これからのビジネスに求められるのは、「余暇」と「労働」という区別をなくし、働くことで自由と創造性を発揮し、それによって新しい価値を生み出していくことではないでしょうか。そして「自由と創造性を発揮するカギは、工芸にある」というのが私の持論です。

すべての人が、消費者からクリエーターに

「すべての人間は芸術家である」という言葉を残したドイツのアーティスト、ヨーゼフ・ボイスは、「社会彫刻」という概念を提唱しています。

ボイスは、芋の皮をむくといった些細な行為であっても、意識的な活動であるならば芸術活動であると主張しています。

社会彫刻は、自らの一つひとつの行為を変えることで、未来のために社会を彫刻していこうという考え方です。

だから「すべての人間は芸術家である」というボイスの言葉は、どんな些細な行為でも、それを意識して芸術的な行為へと変えることができる、という意味です。

労働と消費、教育、政治、環境なども含め、人間のすべての活動は、芸術的なものへと変えることができます。その意味で、この世の中に美の山は無限に存在するのです。

それこそ、ボイスの主張の真意なのです。ボイスのその考え方は、時代が大きく変わろうとしている現在、いっそう重要になっています。

働くことは、今までは「指示されて行なう労働」だったかもしれませんが、工夫次第で、それを「創造性を発揮する仕事」へと変えることができます。

本書で述べてきたように、物を使うこともまた、美意識を育てる行為であり、創造的な行為です。今までは単なる「消費」だったかもしれませんが、良い物を長く使うという意識を持てば、創造的な使い方へと変えることができます。

大量かつ粗悪に作られたプラスチックの器を買って、環境への負荷が高い大量のゴミを出し続けるのか。

それとも長く大切にできる器を買って、時代を越えて使い続け、環境への負荷を減らしてゆくのか。物の「使い捨て」を繰り返すこれまでの悪習は、すべて一人ひとりの美意識の持ちようで、少しずつ変えてゆくことができます。

ビジネスにせよ社会にせよ政治にせよ、「自分が動いたところで変わらない」という感覚がある人もいると思います。

しかし想像してみてください。「労働者」や「消費者」と呼ばれているすべての人が、クリエーターになったらどうでしょうか。

パンクミュージックがかつての社会の価値観を変容させたように、現代では工芸による創造性の革命が、世界へと波及しつつあります。

「新しいルネサンス」の時代には、一人ひとりがクリエーターになることで、世界そのものを変えることができます。

ぜひ工芸の思考を実践し、すべてのビジネスパーソンが、創造性を発揮し、仕事に喜びを感じて欲しいと思っています。

その結果として遠くない未来に、美意識によって生み出される、本当に豊かな社会が訪れることを願っています。

おわりに

東京オリンピックで細尾のテキスタイルが使われる

コロナ禍という、かつてなく難しい社会状況のなか開催された、二〇二一年の東京オリンピック。

開会式で、世界的ジャズピアニストの上原ひろみさんが弾いた超絶技巧のソロピアノ曲を、まだ鮮明に覚えている方も多いと思います。

演奏中に上原さんが纏っていた赤い衣装は、実は、細尾のテキスタイルによるものでした。

時代の節目となる催しで西陣織が檜舞台へと上がった、とても感慨深い瞬間でした。

「美意識」の重要性を説いてきた本書ですが、私は引き続き、美意識を核とした、挑戦を続けています。本書を終えるにあたり、現在準備しているプロジェクトを一つご紹介します。

二〇二三年二月、東京駅に接し、日本の「玄関口」とも言える東京の八重洲に、「東京ミッドタウン八重洲」がオープンします。

立地は東京駅の八重洲口を出て真向かいの場所です。ポストコロナ時代を見据え最新の感染対策技術を導入した、大規模なオフィスビルです。地上四十五階建てで、上層階には「ブルガリ ホテル 東京」が入ります。

三井不動産が手掛けているプロジェクトで、六本木、日比谷に続く、三つ目の「ミッドタウン」ができることになります。

実は八重洲は元々、江戸時代には様々な職人が集う「工芸」の街でした。

時代が下り、一九一四年に東京駅が開業し、一九二九年に八重洲口が開設されると、地方から企業・ビジネスパーソンが集まる「日本の経済成長の中心地」として発展していきます。

江戸時代の職人から、現代の産業を支えるビジネスパーソンまで、八重洲は〝夢を抱く人〟が集う街として、日本の交流と成長の中心として栄えてきました。

東京ミッドタウン八重洲のコンセプトは、「ジャパン・プレゼンテーション・フィールド～日本の夢が集う街。世界の夢に育つ街～」。

八重洲を舞台に、日本発の文化やビジョンを世界へと発信していく施設です。工芸の伝統を汲み、新しい日本のものづくりを発信するハブとなるそんな場所に、象徴となる細尾のアートピースが導入されます。

オフィスビルから商業施設へ入るエントランスゲートに、細尾が独自開発した新素材「NISHIJIN Reflected」が使用されます。高さは一〇メートル、幅は八メートルとなる巨大なゲートを、西陣織のアートピースが飾ることになります。

西陣織＋FRP（Fiber Reinforced Plastics：繊維強化プラスチック）による画期的な新素材をブロック状にして、ゲートを組んでいきます。

本書では、西陣織を建築の外壁素材として使用できるようにするまでの、開発のエピソードをご紹介しました。今回のプロジェクトでも、外壁とはまた違った形で、西陣織が新しい建築を彩ることになります。

今回の「NISHIJIN Reflected」は、FRPの「クラック（ひび割れ）」を活用したアートピースになっています。通常FRPの世界では、クラックは割れてしまっている状態ですから、

「失敗」だとみなされます。

しかし今回のゲートでは、そのクラックを西陣織の背後に潜ませ、後ろからLEDパネルで光を当てます。それによって西陣織の表面に立体的な陰影が浮かび上がる、かつてなく幻想的なテクスチャーを実現しました。

美意識を持った創造的活動によって、社会を豊かなものへと変えていく

皆さん、「曜変天目茶碗《ようへんてんもくちゃわん》」をご存じでしょうか？

曜変天目茶碗は約八〇〇年前、南宋時代の中国福建省の建窯《けんよう》で生まれ、日本に渡り、天下の名碗として足利義政や徳川家康など時の権力者たちを魅了してきた茶碗です。漆黒の茶碗の内側には星のようにもみえる大小の斑文が広がり、見る角度によって七色の光が表情を変え、「茶碗の中に宇宙がある」とも評される、えも言われぬ不思議な魅力を持った茶碗です。

現存するものは世界で三碗のみとされますが、そのすべてが日本にあり、三碗とも国宝に指定されています。

それらがどうやって作り出されたのか、その製法は未だ解き明かされていません。窯の

中で焼成中に何らかの影響を受けて偶発的に生まれたものだとされています。

そして面白いことに、この曜変天目は、中国では失敗作として認識されていたものだったのです。それを日本の美意識では、この不完全さ、偶然生まれた美に対し、最大級の美の価値を見出しています。

つまり、時代や場所、見る人の美意識によって、価値観は完全に変わるのです。日本の美意識は、なんと寛容で、想像力のある、多様性に満ちた豊かなものでしょうか。


クラックが西陣織と織り成すレイヤーは、デジタルの映像を重ねるのとも違って、とてもリアルな質感と奥行きを持っています。

「クラックは失敗であり、使えない」という固定観念を、逆転の発想によってくつがえし、新しい時代の美へと結実させようと挑戦しています。

八重洲は日本全国へ走る新幹線をはじめ、鉄道、地下鉄、バスなど様々な交通のハブとなる場所であり、空港への鉄道やバス路線も含め、まさに日本の「玄関口」と言える街です。

ミッドタウンの地下には、新宿を超える、日本最大のバスターミナルが完成する予定です。七分に一本全国各地へとバスが発っていく、年間数十万人が利用する交通のハブです。日々何万人もの人が行き交うその場所の、象徴的なゲートに、時代を超えて価値を高めていくことを目指した、西陣織の革新的なアートが使用されます。

職人の街の伝統を受け、世界の玄関口になる場所に、細尾の作品に触れていただける新しい発信地ができることになります。

美意識を持った創造的活動によって、社会を豊かなものへと変えていく。

三井不動産は、「日本発のラグジュアリーを、世界へと発信したい」という想いで、細尾へ声をかけてくださいました。

担当者は私とほぼ同世代で、「日本からオリジナルな価値を発信したい」という強い想いから、細尾の西陣織をミッドタウンに取り入れたいと熱く話してくださったのです。

西陣織とFRPによる新素材を、それだけ重要なプロジェクトの、大規模なゲートへと使用する。前例のないことですから、様々なご苦労もあったと思います。

街づくりのプロフェッショナルである三井不動産の方々のビジョンによってこそ、工芸を取り入れた、これからの時代の新しい豊かさの発信地が実現します。

このプロジェクトがそうであるように、私一人の力だけでは、社会を大きく変えていくことはできません。

でも本書で書いてきたように、一人の思いつきでも、ビジョンや妄想、想いに共感してくださる方がいれば、それらはどんどん大きな輪となって広まっていき、協力してくださる方も増えていきます。

だからこそ読者の皆さん一人ひとりの力が合わさって、「セッション」が繰り返されることで、社会は大きく変わっていくのです。

「前例がない」という言葉に負けず、妄想と美意識によって、固定観念を打破し続ける。美意識によって世界を変えていく私の挑戦も、まだ最初の一〇年を終えたばかりです。

二〇二一年八月

著者

［著者］
細尾真孝（ほそお・まさたか）
株式会社細尾 代表取締役社長
MITメディアラボ ディレクターズフェロー
一般社団法人GO ON代表理事
株式会社ポーラ・オルビス ホールディングス 外部技術顧問

1978年生まれ。1688年から続く西陣織老舗、細尾12代目。

大学卒業後、音楽活動を経て、大手ジュエリーメーカーに入社。

退社後、フィレンツェに留学。2008年に細尾入社。

西陣織の技術を活用した革新的なテキスタイルを海外に向けて展開。ディオール、シャネル、エルメス、カルティエの店舗やザ・リッツ・カールトンなどの5つ星ホテルに供給するなど、唯一無二のアートテキスタイルとして、世界のトップメゾンから高い支持を受けている。また、デヴィッド・リンチやテレジータ・フェルナンデスらアーティストとのコラボレーションも積極的に行う。2012年より京都の伝統工芸を担う同世代の後継者によるプロジェクト「GO ON」を結成。国内外で伝統工芸を広める活動を行う。2019年ハーバード・ビジネス・パブリッシング「Innovating Tradition at Hosoo」のケーススタディとして掲載。2020年「The New York Times」にて特集。テレビ東京系「ワールドビジネスサテライト」「ガイアの夜明け」でも紹介。日経ビジネス「2014年日本の主役100人」、WWD「ネクストリーダー2019」選出。Milano Design Award 2017ベストストーリーテリング賞（イタリア）、iF Design Award 2021（ドイツ）、Red Dot Design Award 2021（ドイツ）受賞。本書が初の著書。

日本の美意識で世界初に挑む

2021年9月14日　第1刷発行

著　者——細尾真孝
発行所——ダイヤモンド社
〒150-8409　東京都渋谷区神宮前6-12-17
https://www.diamond.co.jp/
電話／03･5778･7233（編集）　03･5778･7240（販売）
ブックデザイン—鈴木成一デザイン室
DTP————ニッタプリントサービス
編集協力——中川賀央
企画協力——ランカクリエイティブパートナーズ
校正————鷗来堂
製作進行——ダイヤモンド・グラフィック社
印刷————加藤文明社
製本————ブックアート
編集担当——高野倉俊勝

ISBN 978-4-478-11237-3